别让未来的你，后悔现在的自己

周乐 编著

辽海出版社

图书在版编目（CIP）数据

别让未来的你，后悔现在的自己 / 周乐编著 . — 沈阳：辽海出版社，2017.10
ISBN 978-7-5451-4757-5

Ⅰ . ①别… Ⅱ . ①周… Ⅲ . ①成功心理－通俗读物 Ⅳ . ① B848.4-49

中国版本图书馆 CIP 数据核字（2018）第 066768 号

别让未来的你，后悔现在的自己

责任编辑：柳海松
责任校对：丁　雁
装帧设计：廖　海
开　　本：630mm × 910mm
印　　张：14
字　　数：161 千字
出版时间：2018 年 5 月第 1 版
印刷时间：2019 年 8 月第 3 次印刷

出版者：辽海出版社
印刷者：北京一鑫印务有限责任公司

ISBN 978-7-5451-4757-5　　定　　价：68.00 元

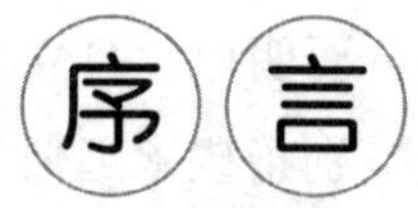

序言

我们都学过这样一首诗："明日复明日，明日何其多。我生待明日，万事成蹉跎。"很多人都明白这样的道理，但很多人往往到最后还是会后悔当初的自己。好多时候，并不是我们不努力，而是我们不明白如何去努力，当现实的繁华迷茫了前进的方向，很多人的努力因为方向的错误而成了徒劳。

那么，作为现在的我们，在面对一个五光十色的社会时，我们到底应该怎么做呢？

首先，你得先问问自己，你的目标还在吗？目标是成功的起点。人生路上，每走一步，我们都需要一个明确的目标作指引。缺少了目标，你往往会茫然无措，只能徒劳地转着一个又一个的圈。当你将对目标的追求变成一种执着时，你会发现，自己所有的行动都在朝着这个目标努力。

其次，你问问自己，内心的那份野心和冲动还在吗？拿破仑·波拿巴曾经说过："不想做将军的士兵不是好士兵。"做人，总是该有点儿野心的。因为，你若自视为奴隶，就永远也不会成为人生的主人。

第三，结合目标，再基于现在的实际情况，分析一下应该怎么做。理想纵然美丽，也要基于实际，人生要一步一个脚印。

有道是“万丈高楼平地起”“一屋不扫何以扫天下”，唯有将基础打好，从细处做起，人生的发展才会迅速而稳固。

第四，做事的时候，要明白，自立才是你最大的依靠。靠山山会倒，靠人人会跑！别指望永远依赖别人，别奢望有谁会一辈子让你依靠。人生所能依靠的，只有自己。“人”字那一撇一捺就是独立的支撑，活着，一定要对得起这个“人”字！

……

世界纷繁复杂，在纷繁复杂当中我们努力找寻属于自己的一片天。成功有时候离你很近，机会有时候就在你身边，当你一不留神错过的时候，也许有可能就会失去了自己的未来，追悔莫及！

本书作为一本给年轻朋友的励志读本，告诉读者在诸多诱惑和不确定的社会中该如何坚持自己的初衷，如何努力才能达到自己的目标，从而让未来的自己，不会为现在的自己后悔！

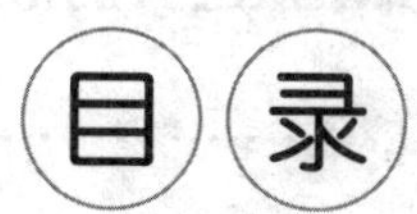

目录

第一章 现在的你，目标和方向还在吗

第二章 现在的“野心”，决定未来的前程

第三章 现在的你，基于现在的实际

第四章　现在和未来最大的依靠是你的自立

第五章　为了未来，苦苦寻找我也愿意

第六章　变通一点儿，南墙也变无影墙

第七章　现在你的字典中还有放弃吗

第八章 置身于社交，不做孤独的自己

第九章 言而有信，不管现在还是未来

第十章 现在淡定，未来亦淡定

第十一章 余地留一点儿，说话少一点儿

第十二章　为了未来，现在的你要加倍努力

第十三章　坚守爱情，幸福从现在到未来

第一章

现在的你，目标和方向还在吗

目标是成功的起点。人生路上，每走一步，我们都需要一个明确的目标作指引。人如果缺少了目标，往往会茫然无措，只能徒劳地转着一个又一个的圈。当你将对目标的追求变成一种执着时，就会发现，自己所有的行动都在朝着这个目标努力。

没有方向的路，走得再多也是徒劳

目标是指路明灯，缺乏目标，便无坚定的方向；方向不明，则动力全失。一个人目标越高，生活便越丰富，唯有目标明确，才不会在人生的海洋中迷失航向。人生不止，奋斗不息，点亮目标，照亮生命。

上古时，黄帝大战蚩尤于涿鹿，蚩尤请来风伯、雨师助阵，一霎时天昏地暗、浓雾当眼、狂风大作、飞沙走石。大雾使黄帝的兵士彻底迷失了方向，不禁人心惶惶。这时，黄帝利用北斗星永远指向北方的特性，造出了“指南车”，指引着兵士冲出迷雾，最终活捉蚩尤，取得了“中原之战”的胜利。

两军交锋，双方主帅首先必须具备极强的方向感，才能够依据地势、战场形势部署进退路线，以求折损最小化。我们的人生又何尝不是如此？人生亦是我们与命运、环境抗衡的战场，它充满变数、崎岖不平，只有确立了明确的方向，我们才能少走弯路。

不妨想象一下，倘若蒙上双眼，让你前往某处，你自问可以到达吗？相信，若是没有练过“听风辨位”一类的神奇功夫，这是万万做不到的。

而我们的人生之路如果没有一个准确的方向，就如同被蒙上眼睛走路一样，盲目地去走，一路上磕磕绊绊不说，甚至还会踏上很多弯路，费尽力气也难以到达自己想去的地方。

做人要有目标、人生要有方向——这俨然已是老生常谈，甚至很多人在看到这一话题时，会情不自禁地嗤之以鼻。是的，道理谁都明白，可扪心自问，我们真的为自己的人生设定了一个明确的方向，并矢志不移地朝着这个方向走下去了吗？或许，有百分之七八十的人没有做到。

方向之于人生，一如蓝图之于大厦。蓝图有误，大厦将倾；方向不明，人生便难有出路！

但遗憾的是，很多时候我们都在走没有目标的路，在人生的沙漠中绕来绕去，找不到出路。甚至，我们已经变得麻木不堪，连寻找目标，寻找出路的勇气都没有。我们每天为糊口而工作，闲暇之余，便在吃喝玩乐中消磨时间与精力。我们很少为自己的生命定位一个高度和强度，很少朝着某个目标矢志不移地去奋斗，却又总是抱怨命运的残酷、社会的不公。我们在荒芜中徘徊，毫无方向感可言，十几甚至几十年如一日地麻木地活着，直至老去，从不曾下意识地去寻找生命中的北斗星，更别提如同北斗星一样为别人指明方向。到头来，我们却将这人生中的错误归咎于天、归咎于地、归咎于命，这岂不是在自欺欺人？

我们真的应该反思自己的错误，趁着自己还年轻，为人生确立一个高标准又切实可行的生命目标。因为目标带给人的不仅仅是人生路上的方向感，更是一种激励。人生但凡有个明确的方向、有个牵挂于心的念想在，就不易陷入迷茫。因为有了目标，你为了达成自己的目标或者说满足某种欲望，自然而然会调动出极大的积极性，你知道自己想要的是什么，就可以朝着这个方向迈进，从而避免你半途而废或者不断地踏上歧路。

做个大胆的假设，想想那大雷音寺取得真经的师徒几人，倘若菩萨当初只是没头没尾地说句：“去取经吧！”结果又会如何？

或许走着走着，唐僧便会入赘女儿国，四目相对，含情脉脉，柔声细语“千万里，我追寻着你”，便不会有后来的“旃檀功德佛”。

或许走着走着，悟空便会转归花果山，挥舞金箍，称霸一方，战罢高歌“山也还是那座山呦，猴也还是那个猴”，便不会有日后的“斗战胜佛”。

或许走着走着，八戒便溜回高老庄，继续他的香艳生活，高兴时忍不住来两句“抱一抱，那个抱一抱，抱着我那妹妹上花轿”，便不会有日后的“净坛使者”。

或许沙僧看到这种情景，也只能心灰意冷地重归流沙河，百无聊赖之际，愁愁吟唱“深深流沙河底，深深伤心”，便不会有日后的“金身罗汉”。

或许小白龙也会回到鹰愁涧，重拾心中的阴霾，狠狠地诅咒“你把我的女人带走，你也不会快乐很久，总有一天你也和我一样，感觉无辜无助无人同情的感受”，便不会有日后的“八部天龙”。

倘若没有一个明确的方向，以上种种猜测，真的是不无可能。

一如最伟大的发明家爱迪生所说的那样：“若想获得成功，首先必须设定目标，然后集中精力向着目标迈进。”对于我们而言，目标无疑就是人生航道上的灯塔，指引着我们不断向前航行，它能给我们带来期盼，激发我们不断进取的欲望。反之，倘若没有目标的支撑，我们就会丧失追求成功的动力，就无法把握自己的人生轨迹。

人生的目标有种种，但终极方向都是寻找幸福与快乐。只可惜很多人曲解了幸福与快乐的定义，他们在追逐幸福、快乐的过程中迷失了自我，以平庸为平淡，以懒散为安乐，自以为碌碌无为便是返璞归真的生活。殊不知，幸福与快乐在于对明天的向往和今天的把握。今天，是我们真实的存在，而每一个明天都会变成今天，无数个明天又构造了我们的未来。人的幸福与快乐，便在于对未来的美好期盼之中，不过这美好，需要你用今天的努力去造就。荒废了今天，我们便等于亲手毁掉了自己的未来。没有了未来，试问何处寻找快乐？无论是今天还是未来，我们都需要依靠生命中的北斗星来指引方向，让自己迅速走出人生的荒芜。

梦和梦想，你选择哪一个

很多时候，我们的人生颓废至此，并不是因为我们最初没有梦想，而是因为我们的梦想太过“伟大”，抑或是因为我们没有将梦想坚持下来。

人生目标究竟是一个梦，还是一个梦想，主要取决于两点：第一它是否现实；第二你能不能坚持。

古往今来，为励青年之志，很多思想家、教育家以及所谓的专家、学者都在向人们灌输这样一种错误的思想——“努力奋斗就能实现梦想！”当然，他们的出发点是好的，我们无可厚非，但事实真的是这样吗？显然不是。

梦想首先要植根于现实，要以自身条件为基础，倘若梦想不适合自己，那我们的努力就是盲目的，付出再多亦是枉然，倘若依旧冥顽不灵，最后的结果就是在一棵树上将自己吊死。

别不服气，梦想这个东西并不是越高远越好。成为美国总统——这个梦想够伟大吧？但可能吗？很多梦想别人能够实现，但未必适合于你。有一位朋友，是个漂亮的女孩，但也仅限于此。

她原本有着一份不错的工作，月薪6000元以上，待遇优渥，对于一个普通女孩而言，应该说已经蛮好了。但朋友并不满足于此，因为她自高中时起便怀揣着一个梦想——有朝一日成为一名演艺明星。

说实话，朋友有近170cm的身高，身材也算得上凸凹有致，但真的一点儿艺术细胞和演艺功底也没有。或许是“当局者迷”吧，朋友是对自己的梦想抱有很大希望，每逢周末，便会在北影门前翘首以待，希望得到一个展示自己的机会。但事实上，群众演员她倒是当过几次，却不曾露过一次正脸、有过一句台词。

经历过无数次失望以后，朋友似乎也有所警醒，不再像以往那样乐此不疲，谁知，“天有不测风云”！自从某草根明星因在北影做群众演员而蹿红以后，朋友的“春心”又被撩拨起来，且一发不可收拾。在她看来，那么丑、那么土的一个人都能走上大屏幕，成为主角，自己天生丽质，若肯坚持就一定会有收获。

于是，她索性辞了工作，常常驻足于北影门前。在她眼中，似乎没有什么比自己这份高远的梦想更重要的了。可结果呢？至少你我迄今为止还没在大屏幕上看到她的身影、她的名字。

几年来，她的同学、以往的同事都在事业上取得了不错的成绩，唯有她还在兀自顾影，感叹红颜命薄、天不见怜。

或许，真的要到“人老珠黄”那天，她才能从梦中醒来吧！

这并不是一个个例，事实上不少年轻人缺乏客观的判断能力，因而滋生出错误的观念——“别人能有的我就能有！”故他们在锁定某一目标时，并未衡量自身的实力和条件，完全是头脑一热说做就做。这种情况下，多数目标已经脱离了实际需求，且与自身条件并不匹配。与现实缺少基本联系的目标，我们就不能再称之为梦想了，充其量只是一个美丽的梦而已。

还有一些人，他们也曾有过目标，目标也未脱离现实，却依旧将人生经营得一塌糊涂，又是何故？就是因为他们缺少对目标的坚持。老祖宗说：“行百里者半九十。”可很多人只走了30或40里，便大呼疲惫，不肯再移动分毫，于是半途，甚至不到半途而废。

想当年，我们都曾激情四溢、朝气蓬勃，每个人心中都有着一个色彩斑斓的梦想，每个人都在心中构想着自己的人生路线，为自己确立了一个明确的人生方向。可是，究竟是什么让我们最终将之丢弃了呢？

或许很大一部分原因来源于生活的压力。当我们踏出校门步入社会，当我们从父母心中的“宝贝”、亲戚邻里眼中的“骄子”，一瞬间成为四处求职、屡屡遭拒的“乞食者”时，我们感受到了前所未有的压力，于是前途茫茫，人心惶惶。

然后，我们好不容易找份工作辛勤把活儿干，又不可避免地要仰人鼻息。当我们终于在职场上熬出点儿成绩，又该考虑成家立业、结婚生子了。可是，成家也不容易，没车没房谁跟你？此时此刻，什么目标理想似乎都要靠后了，攒钱娶媳妇才是最实际的！

本以为结了婚以后，我们就可以安下心来做事业、圆梦想了，可入了围城以后才发现，原来婚后的琐事是如此之多。生活中的林林总总让我们不胜其烦，于是我们屈服了，倒在了压力的淫威之下，彻彻底底变成了一个庸人——琴棋书画诗酒花，当年件件不离它，而今七事都更变，柴米油盐酱醋茶。

就这样，我们中的大部分人开始了“当一天和尚撞一天钟”的生活，我们开始变得麻木不仁、得过且过，曾经的激情已然消散，曾经的目标、曾经的梦想亦随之灰飞烟灭。

生活中的强大压力，恰好为我们的麻木制造了一个个冠冕堂皇的借口——“整日为衣食住行忙得焦头烂额，哪还有精力去构思人生”“别人不都是这样活的吗”……可是，当我们说出这些话时，难道心中就没有一点点遗憾，一点点惭愧吗？殊不知，我们的生活从此已经没有了目标，我们的明天会怎样也无从知晓……

压力不该成为我们放弃梦想的理由，喟叹命运不公、空有梦想无力实现，只是弱者的行径。事实上造物主是公平的，他赋予了每个人成功的权利与能力，关键要看你如何去把握。这世上生活的每个人压力都不小，甚至有些人的条件还不如你我，为什么他们能成功？没错，就是因为他们能够顶住压力，对自己的理想不离不弃。

泰格·伍兹是个名副其实的穷孩子，成长于洛杉矶的一个贫民区，全家10余口人挤在一所破房子中，偶尔能填饱肚子，对他们而言已经是一件很值得高兴的事情了。

伍兹的梦想源于一次电视访谈节目，节目的主角是高尔夫球员尼克劳斯。伍兹的心在那一刻被触动了，他暗下决心：将来一定要成为尼克劳斯一样伟大的高尔夫球员。

于是，他请求父亲为自己制作了一根球杆，并在自家的空地上挖了几个洞，每天都要用捡来的球，在这个简易球场上苦苦练习一番。

他曾向父母保证，将来有了钱，一定要为他们买栋大别墅。

在斯坦福大学就读期间，伍兹受好友之邀，准备利用假期去一艘豪华游轮上做服务生，据说每周有600美元的收入。伍兹真的心动了，每周600美元——这能够帮助家里减轻很大的负担。

这时，他的中学体育老师奇·费尔曼先生来到了伍兹家——他为伍兹联系了一家高尔夫俱乐部。得知伍兹准备去做服务生后，费尔曼沉默片刻，突然问道："孩子，告诉我，你的梦想是什么？"伍兹心头猛地一震，低声道："像尼克劳斯一样，成为一名伟大的高尔夫球员，为父母买一栋大别墅。”

费尔曼高声厉问：“你去做服务生，每周赚 600 美元，这很了不起吗？那你的梦想呢？难道它就值每周 600 美元吗？靠着每周 600 美元，你买得起大别墅吗？”

费尔曼老师的话犹如当头棒喝，令伍兹瞬间惊醒，曾经确立的梦想不断在伍兹脑海中闪现：“我要成为像尼克劳斯一样伟大的高尔夫球员……”

那个暑假，伍兹并没有去游轮上工作，而是接受了费尔曼老师的好意，在高尔夫俱乐部苦练球技。

结果如何大家都知道，2002 年，伍兹成为继尼克劳斯之后，首位连续斩获美国大师赛、美国公开赛大奖的高尔夫球员，实现了自己儿时的梦想。

你敢说自己的条件比伍兹还要差吗？他能成功，为什么你就不能？别拿天赋搪塞，没有人要你去做高尔夫球手，你完全可以根据自身的优势，为自己设立一个切实可行的目标。这目标无须多么伟大，但必须要有意义，必须要能够体现你的生命价值！当然，你还必须要坚持。

人生不该浑浑噩噩，做人不能得过且过！成功的道路是目标铺出来的，可以说拥有什么样的目标，就会拥有什么样的人生，目标不切实际抑或是半路中断目标，人生也就失去了意义。人生之辉煌，在于对平庸的超越，进取应是终身之事，只要具备了这种心态，只要目标可行，你就可以达到目的。

人，不可以没有后劲儿，半途而废，你的潜力就无法激发出来，莫说成功，就是想要改善生活也着实费力。然而，只要你的目标正确，只要你还在不停努力，生活就会随之发生变化。不管多苦多难，每天朝着目标迈进一点点，终有一天你会冲过终点。古人云：“一日一线，千日千线；绳锯木断，水滴石穿。”说的就是这个道理。

所以说，一旦我们确定自己的目标可行之后，就要朝着目标一路走下去，甭管这条路是何等的崎岖不平，也别嫌同行者寥寥无几，你要耐得住寂寞，经得起挫折，尤其是站在诱人的十字路口，你必须抱持着坚定的信念与超然的气度，坚定而执着地去追寻心中的灯塔。

唯有如此,你的目标才能称之为梦想,而不单单只是一个梦。

道路崎岖，不妨找找捷径

或许毫无目标的人并不存在，但始终无法实现目标者的确大有人在。导致人生失败的因素有很多，其中一项便是“心生畏惧”。或许就在距离成功不远处，他们选择了退却。试想，倘若成功有捷径可循，是不是就会少很多遗憾呢?

成功到底有没有捷径可循？客观地说：有！不要误会，这里所说的捷径并不是某些人认为的“投机取巧”，那样很难成功，即便侥幸成功也不会长久。

我们所谓的“捷径”，是指在自身能力不俗又肯拼搏奋斗的基础上，缩短成功时间或是坚定成功信念的某些技巧，它们不难寻找，只在你我的生活之中，只要你肯用心。

生理学家早已经指出，人的神经系统大致相同。也就是说，你我与那些成功者的智商大致相同，而他们之所以能够成功，关键在于运用了正确的方法。

我们的幸运之处在于，成功者利用几十年的时间摸索出来的成功经验，我们无须再用几十年的时间去摸索。是的，我们只需将其借鉴过来，并结合自身的实际情况加以整合，就可以形成一套向目标进击的正确方法和技巧。

就好比你要去某人家里做客，最省事的方法当然是让他带路，因为他对这条路线再熟悉不过。所以，无论你身处哪一领域，要想迅速得到进步，最好去寻找同行中的佼佼者，向他学习。这无疑是猎取成功的捷径之一。

此外，如果可能的话，我们不妨为自己拉拉关系，找个贵人助自己一臂之力。不要对此嗤之以鼻，诚然，一个人的成功与自身的努力分不开，但如果能够得到贵人相助，你的路就会好走很多。

想想金庸笔下的靖哥哥，资质是何等愚钝，若不是遇上了机灵古怪的俏黄蓉，得以拜九指神丐洪七公为师，又得岳父黄药师的大力支持，怎能在华山之上一展风姿？

再看看浪漫诗人徐志摩，7岁时，已显天分不俗，但直至15岁，依然无所突破。后拜得“大人物”梁启超为师，在他的提携下，成绩突飞猛进，最终，成就了自己在诗坛上的地位。于是，我们才能读到那“一低头的温柔”，才能欣赏到那康桥的柔波和青荇。

当然，这两位的成功与他们的自身努力分不开，但谁又能否定那些“大人物”的作用？客观地说，只要条件允许，这绝对是有助于我们尽快取得成功的捷径。

再次，要将精力集中在一个点上。在半导体领域的领航者德州仪器公司盛传着这样一句话：“写出两个以上的目标就等于没有目标！”著名成功学大师戴尔·卡耐基也曾表示：“年轻人事业失败的一个根本原因就是精力太过分散。”事实的确如此，看看我们身边的朋友，很多人不乏才情，但总是不停地在各个领域中滑进滑出，到头来空耗青春与精力，终究落得个一事无成。从这个意义上说，能够将精力集中在一点上，也是成功的一个捷径。

倘若在此基础上，你依然对成功心有余悸，觉得成功之路太过遥远，难以企及，不妨试着将目标简单化、轻松化，将目标细化为若干等分，并不断明确目标的进展速度，或许你就能以一种轻松的姿态去迎接挑战。

1984 年，原本寂寂无闻的山本田一在“东京国际马拉松邀请赛”上摘下桂冠，可谓一举成名天下知。赛后，有记者问道：“请问，您夺冠有什么诀窍吗？”山本田一笑了笑，回答：“我是用智慧战胜了对手！”这个回答令所有人都感到莫名其妙，谁都知道马拉松比的是体力与耐力，与智慧又有什么关系？

1986 年，山本田一在米兰再次夺冠，面对同样的问题，他还是那句话——“我是用智慧战胜了对手。”这简直快让那些记者崩溃了，人们都以为山本田一在故弄玄虚。

直到 10 多年后，已经退役的山本才在自传中道出真相，他写道：每一次比赛之前，我都会骑上山地车把比赛路线仔细观察一遍，并将途中的醒目标志记录下来。例如，第一个标志是某家银行，第二个标志是一棵树木……比赛时，我会将整个赛程分成几段，首先冲向第一个目标，然后是第二个……这样，跑完 40 多公里的赛程，我也不会感觉有多累。很多人则不是这样，他们心里只有终点，结果还没跑上一半，就会觉得目标遥不可及，就觉得累了，泄气了。

我们应该学学山本田一，无论你与自己的目标相距多么遥远，都要学会轻松走路。因为只有这样，你在接近目标的过程中才不会感到烦躁、迷茫，才不会在遥远的距离面前望而却步。目标无论距离自己有多远，都不要懈怠、胆寒，你只需将目标细化，先将精力集中在某一阶段性的目标上，才能一步步走向成功。

其实很多时候，我们之所以在走向成功的道路上折戟而返，并不是因为成功的难度太大，而是因为我们没有找到成功的捷径，觉得目标距离自己太过遥远。换而言之，我们并不是因为失败，才不得不放弃，而是因为胆怯、倦怠才走向了失败。如果我们能够聪明一点儿，发现那些获取成功的捷径，就很容易走出一段精彩的人生。

好高骛远，不如踏踏实实

你站在这山脚下，这山望着那山高，却不肯尝试越过哪怕是一座丘陵，那么即便再过10年、20年，甚至更久，你也还是站在这山脚下……

这是一个躁动的年代，滋生出一颗颗躁动的心，它让我们意气风发，这是好事。只不过，很多人一开始便将目标设得很高，未免就显得有些好高骛远。

“千里之行，始于足下”，无论你有何等高远的志向，在通往成功的道路上，都要一步一个脚印地去走。成功是一个循序渐进的过程，虽有捷径可循，但绝不可能一蹴而就。

其实在人生路上，有很多事情需要我们去做，这是一种原始积累，是为抵达终极目标所做的准备，没有这些积累作为铺垫，妄想一步登顶无异于痴人说梦。

你不必执着于此，待岁月流转、历经沧桑之后你便会发现，曾经的“壮怀激烈”或许是一种错误。我们过分执着于终极目标的瑰丽，却忽略了现阶段的可行性，于是徒有一腔热情，却找不到通往成功的路径，事倍而功半。

在捷克有一位年轻人，他的名字叫齐克，18岁时，便与同伴一起登上了欧洲第一高峰——勃朗峰。随后，他们一鼓作气先后征服了9座海拔4000米以上的欧洲高峰。此时此刻，他们膨胀的心已看不上欧洲那些山峰，于是这群年轻的小伙子将目标锁定在世界第一高峰——珠穆朗玛峰。

攀登珠峰程序烦琐，要有签证，要到相关部门申请批文，而且对登山运动员的审核也相当严格。齐克只得求助于自己的父亲——一位国际登山者协会的常务理事。他向父亲表示："一名登山运动员，如果没有征服珠穆朗玛峰，就永远谈不上成功。"

很快，父亲便发来回信，他在信中提醒齐克——在通往成功的道路上，现阶段的最佳目标，未必是最有价值的那个，而是最容易实现的那个。

在经过理智分析以后，齐克不得不承认，就他们现有的装备和素质而言，想要征服珠峰，确实是激情大于实力。于是，他对另外三名队友说："不如我们先尝试征服乞力马扎罗山。"这句话引来了另外三人的嘲笑，他们一齐鄙视齐克，认为他"胆小""胸无大志"。结果，道不同不相为谋，他们最终不欢而散，各奔东西。

此后，齐克一直遵循父亲的教导，以自身实力为准，从最容易实现的目标开始。他先后登上乞力马扎罗山和盐泉山，2008年，又成功征服了世界第七高峰——海拔8172米的道拉吉里峰。

这天，齐克随意翻看报纸，《捷克探险报》上的一则消息令他顿时怔在当场——"三名捷克登山队员，在珠穆朗玛峰海拔8300米处失足坠崖，不幸罹难，他们的名字是……"他们就是齐克以前的三名队友。

同年6月，齐克来到珠峰脚下，凭借多年来积累的娴熟技巧以及丰富的经验，他一步步攀登到海拔8844.43米处。站在珠峰之上，齐克不禁想起自己的三个队友，他一度是他们眼中的胆小鬼，而今天，他却达到了他们所未能达到的高度。

人生就像登山一样，如果你一直望着最高峰，企图一步登顶，往往会徒劳无功、折戟沉沙。

心中有些想法，想要有所成就，完全可以理解。事实上，我们也需要一颗不安分的心来激发自己的斗志。只是在执行的过程中，切不要将终极目标和当前目标相混淆，从而忽略了终极目标的可行性。

也就是说，我们需要在终极目标与当前目标之间，找到一条最佳路径，它或许不能直达梦想，但这条路径上的每一个辉煌点，都是我们可以达到的。通过这条路径，我们可以逐步实现自己的梦想。

相反，倘若在通往成功的道路上，我们的眼里只有终极目标，在跋山涉水之后发现它依旧遥远，我们的心便会开始懈怠，我们的信念便会开始动摇，我们的信心便会一点点流失。或许用不了多久，我们便会感到疲惫不堪，在心理和生理的双重折磨下，无奈地选择放弃。

人生需要不断用成就感来激励自己，每一个微不足道的成功，对于我们而言都是信心上的一次鼓舞。倘若能够不断获得阶段性的成功，即便离终极目标还有段距离，也足以使我们进入一种良性循环，从而激情四溢，斗志昂扬。

就此而言，我们不仅要志存高远，同时还要有切实可行的计划和可以企及的目标。让自己每走一步都能做到心中有数，每走一步都会信心倍增，从而步步为营、矢志不移地向着自己的目标稳步迈进。

第二章

现在的“野心”，决定未来的前程

拿破仑·波拿巴曾经说过：“不想做将军的士兵不是好士兵。”做人，总是该有点儿野心的，因为，你若自视为奴隶，那就永远也不会成为人生中的主人。

路，一直延伸到思想的尽头

做人常往高处看，人生才会有盼头，志存高远，便可免于流俗。反之，倘若你自视为奴隶，那永远也不会成为主人……

何谓“思想”？思想即是一系列的信息输入人类大脑以后，形成的一种可以用来指导人类行为的意识。它属于理性认识，也就是人们常说的“观念”，是相对于感性认识的存在。

思想是一把双刃剑，人具有符合客观事实的正确思想，就会对自己的人生发展产生促进作用；反之，则是错误思想，或者说是狂想、妄想，而在这些错误思想的作用下，人生发展必然会受到阻碍。

那么，“思想有多远，就能走多远”这句话究竟是对是错呢？乍看上去，这是典型的唯心主义观点，已然将意识凌驾于物质之上，貌似认为思想可以主宰一切。以唯物主义观点来看——“物质第一性、精神第二性，世界的本原是物质，精神是物质的产物和反映”，它显然是错误的。

其实不然，这是一个理解上的问题。此处的“思想”不单单是一种意识，更是一种积极的人生态度，抑或说是人的一种理想。试想一下，倘若一个人没有自己的理想或愿望，甚至连一点想法都没有，他能够在人生路上走多远？能够有几许作为？

答案不言而喻。

毋庸置疑，一个没有思想的社会是可怕的；一个没有思想的企业是短命的；而一个没有思想的人，则必定是麻木的、沉沦的！人生需要思想来支配，思想是行动的先导，是一种凝聚力，更是前进的动力。人没有思想，无异于行尸走肉，虽然活着，但活得毫无价值；虽然存在，但存在根本没有意义。

从这个层面上讲，“思想有多远，就能走多远”是不错的。现代人常说“性格决定人生，心态成就命运”，与此便是异曲同工。

“思想有多远，就能走多远”这句话意在提醒我们：一个人，不能头脑空空地活着，想要做出点事业，就要有做事的心态，想要出人头地、高人一等，就要将自己定位为成功者。当然，这一切还是要以现实为基础。

古话说“志不强则不达”，志向是一个人对于人生追求的执着，是一种争取人生有所作为的渴望，“取法于上，仅得其中；取法于中，不免为下”——一个志向短浅的人，他所能做的一定只是小事，甚至连小事都未必做得好！

这绝不是夸夸其谈，亦不是危言耸听。每个人都有懒散、软弱的一面，倘若不能将这些负面性格压制住，那么人生极易得过且过、随遇而安，人做起事来也难免畏首畏尾、瞻前顾后，其直接结果便是导致人生始终没有突破。

翻阅历史我们不难发现，古今中外那些有所成就之人，无不具有高远的志向以及坚定的信念，他们似乎天生便带着一种强者的自信与风范，在他们眼中似乎没有什么能够阻挡自己走向成功。虽然我们未必能够成为某一领域的精英，但至少在产生某一想法、准备做某一件事时，我们应该告诉自己“只有不想做，没有做不到”。就像贝尔博士所说的那样：“时刻想着成功，看着成功，心中便有一股力量催人奋进，当水到渠成之时，你就可以支配环境了。”是的，你的思想，只要它是实际的，我们就应该以最大的自信和热情将其付诸实践，直至成功为止。其实有些时候，决定人生走向的，并不是你目前的条件，而是你的思想究竟有多远。

喜欢音乐的朋友，想必对谭盾之名不会陌生，这里要与大家分享的，就是谭盾成名前的一段人生插曲。

谭盾在美国求学时一度非常落魄，为求生存，他索性做起了街头艺人。在此期间，他结识了一位黑人琴师，二人合作“霸占”了一块地盘——一家商业银行的门前，收入还算还可以。

在解决生活问题并有了一定资金积累以后，谭盾决定前往自己向往已久的艺术殿堂——哥伦比亚大学。他拜大卫·多夫斯基以及周文中先生为师，将所有精力都投入到了对音乐的探索之中。没有了经济来源，谭盾的生活也日益拮据起来，但他并未重返街头。他的思想已然超越了物质，投向了更远的地方。

1988 年，在友人的帮助之下，谭盾成为首位在美国举办个人音乐会的中国音乐家；1989 年，他又以一曲《九歌》闯入国际音乐殿堂。自此之后，谭盾的作品不断推陈出新，凭借实力逐步奠定了自己“国际著名作曲家”的地位。

谭盾功成名就以后，一次偶然的机会，他在自己曾经卖艺的街头又遇到了那位黑人琴师。已经过去整整 10 年了，他居然还在老地方，脸上居然依旧是那般满足。谭盾走上前去与之打招呼，二人随之攀谈起来。黑人琴师询问谭盾现在在哪里工作，谭盾简单回答了一家非常具有知名度的音乐厅。想不到，对方却说：“那是个好地方，应该能赚不少钱。”眼中只有“钱”的黑人琴师怎会知道，如今的谭盾，早已是享誉全球的大作曲家了。

抛开天赋不说，单论思想深度，黑人琴师已不知被谭盾甩出多远了。同在街头卖艺的两个人，同在音乐方面具有一定的造诣，因为思想上的差异，便造就了两种不同的命运。

试想一下，倘若谭盾当时为了能够在物质上多享受一点，将精力投入到“卖艺”之中，荒废学业，还会成为日后享誉全球的大音乐家么？倘若黑人琴师不是安于现状，将自己的一生定位于街头卖艺，而是深造自己，寻求更高的目标，他的人生又会怎样？或许成绩不及今日的谭盾，但决不至于十年如一日地“当街卖唱”吧！

可见，思想的确可以影响一个人的人生变数，将思想提升到一定高度，我们的人生才能铸就一定的深度。一个人只有志存高远并笃行践履，才能避免使自己流于俗气，才能在人生路上有所建树。

拿破仑·波拿巴的那句壮语，时至今日依然响亮——“不想当将军的士兵不是好士兵！”人生自当有这种豪气。当然，这并不是要你去追求那些不切实际的梦想。只是，你应该给自己一个高标准的定位，这亦是一种激励，它甚至可以鞭策着你去奋进。

人生究竟何许模样，取决于你的思想认识，与你对自己的期许和定位有着莫大关系。定位太高，不好！脱离现实、眼高于顶的人多不会有所成就，甚至会被残酷的现实打得头破血流；定位太低，无救！麻木不仁、以庸为乐的人，就只能是一具行尸走肉。

做人当志存高远，但不能不切实际，这是每一个欲有所作为之人必须形成的认知。志存高远，至少你还有机会“咸鱼翻身”，无甚志向，那么你的人生也就没有什么盼头，没有什么希望了！

你的成就与起点没有关系

无论是什么样的水，只要它流入海洋，它便是海水了；只要它流入阴沟，它就是阴水沟了。无论你是什么样的人，高贵抑或卑微，最终的成就，要看你流向哪里。

记得一位诗人说过：“你是自己命运的主人，是自己灵魂的引导者。”的确，命运并非天定，人的一生是好是坏，是有价值还是无价值，主要还是取决于你对人生的态度和对人生方向的选择。

人之一生，或许不能选择的就只有自己的出身。有的人含着金钥匙出生，自幼锦衣玉食，无须与“千军万马”共挤“独木桥”，便可以拥有一份不错的事业，我们说“他们的起点很高”。

而大部分人则和你我一样，只是出生在一个普通、平凡的家庭，没有锦衣玉食，无人从旁相助，为追求理想而四处奔波、疲惫不堪。很显然，相较于前者而言，我们的起点很低。

于是，一些人开始抱怨，抱怨在这个“拼爹”的时代没有一个好爹做后盾，抱怨命运是如此的不公。而另一些人则大不相同，他们同样出身于平凡家庭，同样感受到了命运的不公，这种差距反而激发了他们的斗志，于是他们振臂高呼：“做不了富二代，就做富二代他爹！”敢问抱怨诸君，当你们闻听这番话语时，是否会感到脸红？

其实，起点低真的没什么。君不曾闻——王侯将相宁有种乎？

想当年，项羽身为没落世家子、国亡落魄人，眼见始皇浩荡出游，不禁豪气顿生：“彼可取而代之！”

刘邦不过区区沛县一亭长，市井一流氓，眼见此景，亦是一番豪言壮语：“大丈夫生当如是也！”

结果，就是这二人，一人破釜沉舟，令百二秦关终归楚；一人兵入咸阳，毁了秦朝基业，灭了西楚霸王，威风凛凛地端坐朝堂。

人常说：“时势造英雄。”其实不然，英雄就是英雄，即便时势不济，他也不会成为狗熊；狗熊就是狗熊，即便时势再好，他也难以化身英雄。或许我们应该这样说——“英雄造时势，时势助英雄！”事实上，人之一生能有多大建树，与出身好坏、起点高低并无多大关系，关键在于你是否是一个英雄！

英雄或许没有值得炫耀的身家，或许原本只是籍籍无名，但在人生这条路上，无论环境何其复杂，他们总能迎难而上，无论前途多少坎坷，他们总是越挫越强。他们的人生一如弹簧——起点越低，飞得越高！

顺风兮，逆风兮，无阻我飞扬！——“打工皇后”吴士宏的这句话，读罢总是让人热血沸腾。

20 世纪 60 年代，吴士宏出生在北京一户普通家庭，她只读完初中便来到椿树医院做小护士。不久，吴士宏大病一场，险些要了她的性命，病愈后的吴士宏突然惊觉——决不能继续在这个勉强维持温饱的地方浪费青春！于是，吴士宏报名参加高等教育自学考试，并拿到了英语专科文凭，随后通过外企服务公司，进入名企“IBM”，她的职位是办公勤务。

这是一个卑微的角色，说得难听一点就是勤杂工，体力劳动是她的主要工作内容，譬如端茶倒水、打扫卫生等。其实，单单辛苦一点也还好，问题是，像她这种卑微的工作又不可避免地要承受来自各方面的屈辱。

曾有一次，吴士宏推着满满一车办公用品回到公司，却被门卫故意拦在门外，要求她出示外企工作证。这显然是在故意刁难，因为像吴士宏这样的工种根本就没有配发证件，就这样，二人在门口僵持了起来。面对来往行人异样的目光，吴士宏满心屈辱……可这一切，她都忍了下来，她没有因为起点低而自弃，没有因为工作卑微而懈怠，而是暗暗发誓：“这是最后一次，我决不允许别人再将我拦在任何门外！”

从那以后，吴士宏加倍努力地工作、学习，一年以后她终于争取到公司内部的培训机会，并由“勤杂工”成功转型为“销售代表”。这可以说是她人生的转折点，在不懈的努力下，她从销售人员一路做到IBM中国销售渠道总经理。1998年，吴士宏离开IBM，受聘于微软公司，任大中华区总经理。可以说，她已经登上了职业经理人的顶峰。

其实，很多成功人士都和吴士宏一样，本身的起点并不高，而他们的过人之处就在于，能够将这种“不公”转化为动力，将他们压得越低，他们反而会弹得越高。这是一种强者心态，很值得我们学习。

可见，起点低真的没什么，那不过是一种磨砺，倘若你也能像吴士宏一样，将磨砺当成激励，用努力去迎接机遇，你同样能够得到别人的认可，令别人对自己高看一眼。

再者说，你起点越低，越能做出成绩，便越值得别人去尊重。

不是吗？像后主刘禅那样，纵然做到一国之君，试问又得到几人认同？而闯王李自成，纵然大策有失，在后人心中是不是亦有点虽败犹荣的意味？

李白说：“天生我才必有用！”

张伯端说：“福祸由天不由我，天若不能尽人意，我命由我不由天！”

这二人是何等的自信与豪迈！在他们眼中，什么贫穷落魄，什么挫折灾祸，统统不足挂齿，因为“天生我才必有用”，因为“我命由我不由天”！

叶倩文唱得好——“我拿青春赌明天！”我们无法选择开始，但我们能主宰结局！更何况，我们的起点本就不高，“赌”上一把又何妨？纵然折戟沉沙，也无非从头再来，与原本的我们亦是相差无几。

“有志者，事竟成，破釜沉舟，百二秦关终属楚；苦心人，天不负，卧薪尝胆，三千越甲可吞吴！”蒲松龄以此自励，寒屋之中舌耕笔耘，成“聊斋”传千古。而吴王夫差显然成了“背景帝”，他生就王侯世家，又具雄才伟略，兼得伍子胥相辅，起点不可谓不高，若上进，成就或许不在嬴政之下。只可惜，他志得意满、不纳人言、贪恋美色、重用宵小，辜负了命运的眷顾，毁却了千里河山。

历史告诉我们：英雄不论出处！起点虽低，但只要心有大志，肯付出，多半会出人头地；起点虽高，但若是不长进、不作为，必然会被无情淘汰。所以，我们根本没有必要纠结于自己的起点高低，命运给予我们的起点高低都不重要，重要的是我们能否把握住结局。

抛弃不可能，摒弃不想做

浪费时间去犹疑，无疑是在浪费自己的生命，感觉对了就是对了，无须每个环节都确定，人生有时需要那么一点点冲动。

很多事情，只要它是现实的，是可能对你有益的，那么，该出手时就出手，不要瞻前顾后。瞻前顾后说好听一点是“稳重”，说难听一点就是“没魄力”！

如果一个人总是瞻前顾后、犹犹豫豫，那么，他的人生是很难有所建树的。因为成就人生的往往都是机遇，偏偏机遇又如烟花一般，虽然美丽但转瞬即逝。或许，就在你犹豫之时，它已然溜向别处。

回忆一下，在我们已走过的岁月中，有没有一些事对你而言，已是无可挽回的遗憾？譬如，有些人一直想见却没有见，等真的决定去见了，才知道已然天各一方；有些事一直想做没做，等真的决定去做了，才知道时机已经错过……我们总是以为来日方长，却不知“明日复明日，明日何其多，我生待明日，万事成蹉跎”！

犹疑绝不是什么好的性格，它会消磨人的意志、折损人的信心，令我们对自己的能力产生怀疑，如此形成恶性循环——越怀疑越犹疑，越犹疑越怀疑……最终一事无成。

只要是正事，想到了就赶快去做！不要畏首畏尾，瞻前顾后，如果任何事都要有百分之百的把握才肯付诸行动，那你一生也就无事可做了。很多事情，不是不可能做到，而是我们压根没想做到，只要你肯“破釜沉舟”，就会发现，其实自己还有很大的潜力没有被挖掘出来。

做人一定要有点魄力。人生短短数十载，有太多的事情等待我们去尝试，你事事犹疑，只会令人生平添遗憾，失去色彩。

有这样一个故事，读过之后或许会让你我想到些什么。

话说以前有位哲学家，长得一表人才又温文尔雅，是众多女人心中的白马王子。

这一日，一位姿容秀丽、气质脱俗的名媛敲开他的家门：“让我做你的妻子好吗？请你相信，我是这个世界上最爱你的女人。”

哲学家惊叹于她的姿容和气质，更有感于她的真诚，说心里话，他是非常喜欢她的，可是他却说：“让我再考虑一下。”

将美丽的女子送出家门以后，哲学家马上找来纸笔，将娶妻的好处与坏处一一罗列出来，想通过比较做决定。结果他发现，二者竟各有千秋。那么，究竟是娶还是不娶呢？哲学家开始犹豫起来，左右为难，难下定论，而且这一犹豫就是整整 3 年。

3 年之后，哲学家终于做出决定——在不知如何取舍时，就选自己还没经历过的。于是，他满心欢喜地来到女子家，迎接他的是女子的父亲。哲学家说道：“您的女儿不在吗？那么麻烦您转告她，我已经考虑清楚，我要她做我的妻子。”

老人一脸漠然：“你晚来了 3 年，我女儿如今已是一个 2 岁大孩子的母亲了。”

哲学家顿时惊呆了，他为自己的犹疑追悔莫及。几年以后，哲学家含恨而终，弥留之际，他强撑着留下这样一行字——如果将人生一分为二，前半生的哲学应是“不犹豫”，后半生的哲学应是“不后悔”……人稳重一点固然是好，但也不能太过稳重、事事稳重。毕竟，人生只是一个短暂的周期，你一再错过，还能抓住些什么？

我们不是凤凰，纵使涅槃也不会重生，根本没有机会寻回错过的人和事，此时你犹疑了，或许今生就不会再拥有。如果是这样，人生中又有多少美好让你浪费在犹疑与纠结上？

人生其实需要那么一点冲动。君不见，那些雷厉风行、做事有魄力的人往往能够斩获更多，同时也更能得到别人的赞许。他们的果断绝不是有勇无谋，而恰恰是一种成熟的体现，因为他们可以做好自己生命中的每一个决定。

我们生活在这个瞬息万变的世界上，时而走高，时而走低，站在人生的十字路口，向左还是向右，总是要做出抉择，因为人生不可能在模棱两可中度过。关键时刻，过多的思考、过多的顾虑，并不能让你有所受益，相反，甚至还会令你在拖沓中陷入危机。

有个孩子，他在玩耍时在树下捡到一只出生不久、不慎跌落的幼鸟。孩子想把它带回家喂养。

可是妈妈不允许家里养宠物，可是小鸟又这般可怜……左思右想之下，孩子决定还是先征得妈妈的同意再说。

他将小鸟放在家门口，便匆匆走进屋子去和妈妈商量。终于，在他的苦苦哀求之下，妈妈破例答应收养这只小鸟。

可是，当他跑到门口时，脸上的兴奋瞬间凝固了，取而代之的是两行冰冷的眼泪——小鸟儿不见了，他看到一只野猫正意犹未尽地舔着嘴巴……

小鸟的不幸，令小男孩伤心、自责了很久，同时也使他深深地记住了一个教训——只要是自己认准的事，就决不要再犹豫！

长大以后，小男孩凭着果断的作风、强劲的魄力，闯出了自己的一片天地。

这世间，永远不会有人叫卖“后悔药”，这世间，很多事情一旦错过就无法挽回。做人做事，还是果断一点好，顾虑太多，分人心神，影响判断，往往会痛失良机，届时悔之晚矣！

那些前怕狼后怕虎的人，纵然满腹经纶，也只能居于人后，因为他们不敢去冒险，总需要别人去探路，其实他们不过是踏着别人的足迹走路。

成功者的过人之处就在于，当人生处于某一关键点上，他们能够摒除诸多不确定因素，甘冒风险，迅速做出抉择，而往往就是这一瞬间的雷厉风行，彻底切换了他们的人生场景。

令人惋惜的是，不计其数的人之所以在人生沙场上折戟沉沙，仅仅就是因为那么一段时间的犹疑。他们站在浅河的这边犹豫着该不该下水，又怎能品尝到彼岸甘甜的果实？

退一步说，其实有些时候，结果并不是那么重要，重要的是，在这短短的数十载中，你做了想做的事，拥有了想拥有的人，储存了一段鲜有遗憾的回忆……

生命如此短暂，不要让太多遗憾淹没你的人生，大胆地去做你想做的事情吧！

从点到面，从别人到自己

统筹全局者，必能抓住机遇、突破逆境，驶入成功彼岸；鼠目寸光者，必然前途坎坷，荆棘密布，步履维艰。

人生短暂却又变化万千，若不懂得把握，如何力主浮沉！

下棋时，倘若只将眼睛盯在一颗棋子上，走一步看一步，必然会被杀得七零八落。唯有纵观全局、全盘考虑，才有获胜的可能。人生亦如棋局，变幻不定，暗藏杀机，一个人若没有纵观全局的见识、走一步看三步的能耐，根本无法玩转人生。

换句话说，那些能将人生玩得剔透玲珑之人，必然是胸藏丘壑，眼观八方，唯有如此他们才能看清方向，把握机遇，实现自己高远的目标。以企业发展为例，倘若管理者卓有远见，能够把握商机，果断出击，那么这个企业多半会高歌猛进，即便此时籍籍无名，也定然是只“潜力股”；相反，倘若企业管理者鼠目寸光，如袁绍一般果断不足又急功近利，那么这个企业肯定不会有长远的发展，即便原本拥有庞大的构架，也多半会沦为“垃圾股”。

纵观历史我们会发现，那些胸怀天下、目光深远之人，往往会做出普通人所不能理解的超前决策，遗憾的是，正因为思想太过超前，他们的决策总是会遭到各方面，尤其是当权者的抵制，但又总是能够得到后世的认可。

当然，我们或许不需要把自己搞得那般伟大，但你若想改变现状，将人生经营得有模有样，目光短浅肯定是不行的。

在这个“物竞天择、适者生存”的世界上，很多人之所以处于社会的最底层，过着困顿不堪的生活，一个很重要的原因就是他们缺少思考未来的长远意识，只看到眼前的局部发展，没有考虑到人生的长远发展，没有用进步的眼光、时代的眼光去看待人生，从而屡屡与机遇擦肩而过。可以说，一个人若想做出点成绩，长远的见识、大局观是一种必备素质，只有做到纵观全局，抓“面”而不抓“点”，我们才有望在人生的竞争中胜出。

在这方面，晚清那位声名赫赫的红顶商人胡雪岩老爷子是很值得我们学习的。

在胡老爷子看来，做任何事都要赶在别人前面一点，眼光总要比别人放得远一些，才能步步得势——权场的势、商场的势……进而因势取利，赚得个盆满钵满。

这位被视为经商鼻祖的胡老爷子出身贫寒，做过牛倌，当过学徒，卖过火腿，倒过夜壶。不过，正所谓“金麟岂是池中物，一遇风雨便成龙”，这胡雪岩正是人中之龙。

他少年时由火腿行转入钱庄，从倒夜壶干起，凭借机灵的头脑，短短几年便爬上“档手”位置，可谓是少年得志，好不自在。

不过，胡雪岩年纪虽小，但见识深远，逻辑异于常人，胸襟开阔，手笔恢宏，胆识过人，故才能成为清朝第一商贾。倘若他与大多档手一样目光短浅，小肚鸡肠，或许一生也不会有什么大作为。

胡雪岩在成为档手以后，便不再满足于给人打工的生活，他开始琢磨怎样才能开创一片属于自己的事业。他意识到，千百年以来，中国的传统一直是重农抑商，商人的身份太低微，如果纯粹经商，或许能赚很多钱，但名声不怎么好，社会地位也不高。他要想名利双收，就要像乱世枭雄吕不韦那样，走商政结合的路子。

也是机缘巧合，当时杭州有个落魄官员王有龄，铆足了劲想往上爬，就是苦于没有钱财运作。胡雪岩有意与他结识，随着交往的加深，王有龄终于在酒后对胡雪岩吐苦水：“雪岩兄，我并非没有门路，只是苦于手头无钱。”胡雪岩就等着他这样说，于是慷慨道：“我自有办法帮你。”王有龄听后大喜过望：“他日我富贵了，决不会忘记胡兄。”于是，当时不过20出头的胡雪岩，竟擅作主张，挪用钱庄银子资助潦倒落魄的王有龄进京捐官。这种行为不仅砸了自己的饭碗，同时也使他在业内坏了名声，没人敢再用他。到最后，胡雪岩只得靠打零工勉强糊口。

言归正传，胡雪岩这种“愚蠢”行为在当时遭到了人们严重的嘲笑，别人都认为他的银子是“肉包子打狗——有去无回”了，只是胡雪岩对此并不在意。

就这样，在人们的讥笑声和饥寒交迫中熬了几年，胡雪岩的春天终于来了！王有龄身着巡抚官服衣锦还乡，并专程登门拜访胡雪岩，以尽报恩之事。这时，胡雪岩又玩了个欲擒故纵的手段，使王有龄对他在感激之余又加了一层敬佩。他说：“我并没有什么要你报答的，只祝你官运亨通。”但是，在王有龄出面帮他洗脱污名以后，胡雪岩并没有回到钱庄，而是自己做起了生意。那王有龄也是个讲义气的人，于是利用职务之便，不断照顾胡雪岩，胡雪岩的生意自然也是越做越大、越做越好。虽然后来王有龄自尽身亡，但胡雪岩几乎又是故伎重施，一掷千金地攀上了左宗棠，从而一步步地登上了事业的巅峰。

正如成功学大师卡耐基所说的那样：“做生意要有远大的眼光，要配合时代的需要。只有这样，你才能成为一名称职的、优秀的商人。”胡雪岩用他的奋斗史向我们阐述了这样一个道理：鼠目寸光终难做大事，目光远大方可成大器。他的发财经历让我们真切地见识到了远见的重要性——有远见便有颜如玉，有远见便有黄金屋，有远见便有千钟粟！

人生总要有所作为，而想要有所作为就不能没有远见，不能没有大局观念。大局观念是什么？就是一种远见，是我们对人生形势的一个基本判断，对影响人生状况的各类因素的一个基本评估。试想一下，倘若你对人生中有可能出现的机遇无法预判、无法把握；对人生中有可能出现的危险无法预知、无法规避，那么，你的人生是不是只会经营得一塌糊涂？

毫不夸张地说，想要在社会上像个人一样地活着，想要让妻儿老小过得舒服一点，我们就必须下意识地培养自己从宏观上把握问题的能力，能够从整体上对问题进行分析、评估，而不是一叶障目，不见泰山！

人，只有具备这种高瞻远瞩的意识，才能总揽全局，才能把握住每一个细节，才能在处理问题时从容不迫、随机应变，从而使自己的人生之旅一帆风顺。

第三章

现在的你，基于现在的实际

理想纵然美丽，也要基于实际，人生要一步一个脚印。有道是“万丈高楼平地起”“一屋不扫何以扫天下”，唯有将基础打好，从细处做起，人生的发展才会迅速而稳固。

未来的你，先明白现在的自己

人活一世，难事何止百千，但最难之事莫过于了解自己、战胜自己、驾驭自己。自以为自知者多不自知，自以为是者居多，自知只是少数人的睿智。为人不求聪慧绝伦，但求自知，唯有对自己的优劣之处了然于心，方可对人生坐标进行准确定位。当你认识到自身的不足时，也便是你进步的开始。

一位哲人曾经说过：“诚实地向自己展开自己，这是人生一道优美的风景线。”在古希腊神庙——阿波罗神庙的墙壁上，也刻着这样一句话：“认清你自己。”而我们的老祖宗说得则较为简单明了：“人贵有自知之明。”自知，顾名思义就是知道自己、明白自己。古人称自知为“贵”，可见人是多不容易认清自己，这或许正应了那句诗——“不识庐山真面目，只缘身在此山中”；又称自知为“明”，可见要认清自己非具有一定智慧不行。

其实，这不过是很浅显的一个道理，你我他都懂，甚至偶尔也会拿来教化别人，但平心而论，我们之中真正能够做到自知之人，确实寥寥无几。原因何在？其根源就在于人的主观性太强！

世人都喜欢听好话，尤其是那些自我感觉良好的人，在听到好话以后就会飘飘然不知所以，自以为“我”真的就是别人所说的那样，而根本不会照照镜子看看自己究竟是何等模样，更不会去考虑别人说这些奉承话的因果关系及其目的。

人心复杂，一个人想听到对于自己的正确评价已然不易，在听到别人的奉承话以后还能认清自己，不为美言所动，则更是难上加难。不过，人还是要尽量保持一份清醒，否则，明白不了自己，也就明白不了未来。这绝不是夸大其词，自我陶醉的危害性远胜于来自公开的挑战！自以为是者必有不是之处，自以为明者未必心中清明，唯有自明才能明人！

花开无声，自负者必危，自满则必溢，流星在黑夜中炫耀美丽的一刹那，也就结束了自己的生命。一个人若胜时不作衰时想，自以为天下第一，骄横跋扈，目中无人，则必不能长久。

“自知者明”与“自知不明”不过一字之差，造就的却是两种截然不同的人生。后者昏昏然不知所以，看不清自己，摆不正位置，所以无法客观地经营人生，驾驭不好生命之舟；前者“日三省吾身”，对自己明察秋毫，有错必改，无则加勉，知己所长，避己所短，故遇事能冷静分析，善于审时度势、趋利避害，因而人生鲜有大风大浪，生命之舟更无颠覆的可能。

莫对此不以为然，试看那些人生场上的佼佼者，有哪一个是不自知之人？这里便有两件学林逸闻，很值得我们品读和思考。

据说，著名史学家方国瑜先生，年少时不仅苦读学堂课程，还拜和谦先生为师，利用闲暇之余专攻诗词。他钟爱唐诗，醉心宋词，希望有朝一日自己也能成为诗词名家。但数年弹指一挥间，他在诗词方面的造诣始终无所突破。1923 年，方国瑜先生赴京求学，和谦先生前来送别，并诵“诗有别才非关学也，诗有别趣非关理也”之句以赠之，方国瑜先生生性朴实，缺乏“才”“趣”，不具备诗人的才情，和谦先生此举意在点醒他。方国瑜先生谨记恩师教诲，入京以后，又拜师史学名家。几年以后便小有成就，后著成《韵声汇》和《困学斋杂著五种》二书流传于世。

无独有偶，著名教授姜亮夫先生亦有类似经历。

20 世纪初，姜亮夫先生毕业于清华大学研究院。当时的他也想做一名诗人，故将自己读书时所写诗词 400 余首整理成册，前往梁启超先生处请教。谁知，梁启超先生不留情面地指出：囿于理性而无华，非写诗之才。姜亮夫先生回到住处，以一根火柴将“诗作”付之一炬，从此放下“诗人梦”，埋头攻读中国历史、文言、楚辞学、民俗学等学科，成绩斐然，真可谓“失之东隅，收之桑榆”。

显然，这两位先生一开始便犯了不自知的错误，幸得高人指点又能及时醒悟，终没有走太多弯路。

其实，人人心中有杆秤，而准不准就要看你的心正不正。评价自己时，倘若秤轻了，人就容易妄自菲薄；倘若秤重了，人就容易狂妄自大。唯有秤准了，人才能够知道自己的分量，知道自己能干什么、不能干什么，知道什么适合自己、什么不适合自己，并以此为基准，合理地去经营人生。

只是可惜，我们之中大多数人似乎天生就有一种莫名其妙的优越感，因而总是把自己称得很重，总是觉得自己不同凡响、胜人一筹，所以做起事来不知深浅，没有金刚钻偏揽瓷器活，其结果往往是自取其辱。当然，也有一些人习惯性地轻贱自己，这就是所谓的“自卑者”，他们在人前总是抬不起头来，自轻、自贱乃至自甘堕落，其人生常处于无边的灰暗和悲苦之中。

事实很明显地摆在那里——一个人，唯有自知，才能对人生做出准确判断，才能对自己做出精确定位。反之，若脱离基本事实，过高评价自己或轻贱自己，就只能重复着错误的选择，让人生一片狼藉。

一位哲人曾经说过："如果将宝物放错地方，那它就是废物！"与此同理，如果将自己摆错位置，那就会是"废人"！

马克·吐温还是毛头小子的时候，曾一心想要在投资方面做出点业绩，发一笔大财。不过，他这个人生来就没什么经济头脑，屡战屡败，弄得自己一穷二白，负债累累，穷困潦倒。几近耳顺之年，他才看清自己，开始将精力转移到写作上。结果，仅仅三年时间，他的资产便由负转正，并最终成为举世闻名的大文豪。

由此可见，一个人且不论多有才华，但若是"明珠暗投"，就注定会失败。可以想象一下，倘若勒布朗·詹姆斯执意演喜剧，憨豆先生执意打篮球，结果又会怎样？人生路上，面对选择时，我们首先要对自己有一个客观、准确的评价，倘若人生方向有误，请及时调整。唯有如此，我们才能少走弯路，才能一步一步地接近成功。

只有完善，没有完美

人生志向之远大，并不在于超越别人，而在于超越自己，以今日之优异取代昨日之辉煌。一如运动场上，冠军总是在不断产生，纪录总是在不断被刷新。

澳柯玛公司有句广告词："没有最好，只有更好！"称得上是一句金玉良言。

不是吗？世界在不断变化，社会在不断发展，往昔所谓的"最好"，只会不断被新的"更好"所取代。这种现象在电子产品领域表现得尤为突出。

犹记得十几年前，腰间别着一个三星800，便足以炫耀一阵——翻盖手机，款式新潮，功能强大，价格昂贵，绝对称得上是小资阶层的"奢侈品"。然而再看看今天，功能强悍、配置强大的各种高端手机，不知强过三星800多少个等级。甚至，连中关村科贸大厦那些几百元一台的国内特色手机，其功能和美感也要胜过它好多倍！

现实就是这样，俗话说"没有夕阳的行业，只有夕阳的企业"，竞争是残酷的，产品唯有不断创新、不断地更新换代，才能跟随市场走势；企业唯有始终保持一定的忧患意识、竞争意识，才能保持持续的竞争能力。否则，即便是处于高科技顶端的企业，也迟早会被时代的浪潮所淹没。

我们做人又何尝不是如此？21世纪，企业之间的竞争，就是人才的竞争！企业所钟爱的，是那些具有创新能力、能够不断进取的实用型人才，而不是绣花枕头一般的老资历、高学历型庸才。进一步说，即便你之前具有一定的能力，甚至你曾为公司的发展立下过汗马功劳，但倘若你安于现状，不知进取，沉醉在以往的光环中，无须多久，就会像三星800一样，被新生力量所顶替，最终成为时代的淘汰品。

所以说，无论做什么，我们都不要懈怠，因为：没有最好，只有更好！

“没有最好，只有更好”其核心就在于“更好”。

“更好”是一个无限宽广的概念，这世间有“优秀”，有“先进”，有“专家”，有“状元”，但不过是相对而言，不过局限在某一区域或某一群体中，都有一定的空间范围。而在这范围之外，便是“人外有人，山外有山”，便会有无数的“更好”不断出现，与此相比，原本的“最好”也要逊色不少。同时，“最好”亦受时间的限制，今日之最好，无非明日之更好的开始……如此重复，不会停息。

也就是说，再好的事物，也有提升的空间，想要定义事物的极限值，这恐怕要比定义“先有鸡还是先有蛋”还难！换而言之，无论我们多么出色，都不可能是“最好”，更不可能十全十美。而我们若想“更好”，就要从细微处做起，但求尽善尽美。

只是，这世间懒人实在太多，很多人终其一生所追求的，不过是“不求过得硬，但求过得去”，他们一直处于这种“过得去”的状态下，久而久之，便失去了“过得硬”的动力，所以人生不过如此而已。

而我们，要想使生存状态得到改善，就一定要改变观念：

其一，将“做到更好”当成一种追求。当球王贝利在正式比赛中踢进1000个进球以后，有记者问他：“你认为哪一个球踢得最好？”贝利意味深长地回答：“下一个。”贝利身为一代球王，进取之心尚如此强烈，而如今仍籍籍无名的我们呢？有没有为自己的自满感到一点羞愧？人，应该不断追求，不能因为现在看似不错，就志得意满。“最好”永无止境，任何时候，我们心中所想的都应该是“更好”！

其二，将“做到更好”作为一种精神食粮。人生在世，不限定于某一事，而是事事我们都应追求更好。唯有使“做到更好”成为我们的一种精神，我们才会精益求精，人生路上才不会因疏懒而掉队。

其三，将“做到更好”作为一种理想。正所谓“三百六十行，行行出状元”“不想当将军的士兵不是好士兵”。无论做什么，我们都应具备“超越最好，成为更好”的野心。做士兵，我们就要想着超越你的班长、排长、连长、营长……即便是去要饭，也要怀揣着成为丐帮帮主的梦想！

“李杜诗篇万口传，至今已觉不新鲜。江山代有人才出，各领风骚数百年！”这是赵翼对于“更好”的追求。再看古今中外，那些出类拔萃的杰出人士又有哪一个会将现有成就视为固定的终点？对于他们而言，人生的意义就在于能够不断地向前迈进，能够不断迎接新的挑战。因为他们知道，在对于“好”的追求中，没有最好，只有更好！

倘若你没有这种意识，那么就不要去谈什么人生价值。现实告诉我们：想要像个人一样地活着，就必须及时更新自我，只有不断提升自身的价值，才能提升竞争的优势，才不会被新锐力量“谋权篡位”！

彼得·詹宁斯其人或许大家并不熟悉，但是在美国他可是个“大红大紫”的人物。他是美国ABC晚间新闻的当红主播。有一段时间，他曾辞去这份令人艳羡的工作，不是被封杀，而是主动申请前往新闻第一线磨砺自己。在此期间，他做过普通记者，做过美国电视网驻中东特派员，而后又被派驻欧洲。

“返乡”以后，詹宁斯“官复原职”，此时的他已由当初那个青涩的“新秀”，转型成为核心主播兼记者。他作为新闻人在美国民众中受欢迎的程度，在台内一时无人可出其右。他的人生就这样又跨上了一个新的高度。

如果你是彼得·詹宁斯，有没有这样的精神与魄力？或许很多人要犹豫。是啊，在国内，能有几人愿意放弃“央视新闻主播”的荣誉，去接受“贫下中农再教育”呢？两相对比之下，彼得·詹宁斯的选择无疑显得更加难能可贵。

生活在这个竞争空前惨烈的时代，对于我们而言，若还想着能够有所建树，那么，无论从事什么工作，无论做什么事，就都不要志得意满，都不要停下进取的脚步。因为，你稍一懈怠，就有可能被超越，你驻足不前，就一定会被时代甩在身后。

所以，当我们自身的能力不能满足时代的需求时，请马上充实自己、超越自己，以适应时代的变化，如此你才能在社会上谋得一席之地。反之，若一味沉浸在以往的成就中不思进取，你就一定会被赶上来的后浪拍死在沙滩上。

别不相信！就拿工作来说，你要知道，企业创立的根本目的就在于盈利，所以企业主与雇员之间根本不存在真正意义上的情谊。你不能满足企业发展的需求，你就是废物！而这个世界上，根本没有人愿意花钱去养一个废物。

朱熹曾有诗云："问渠哪得清如许？为有源头活水来。"倘若你希望自己在社会竞争中永远"清如许"，那就必须不断为自己注入新鲜的"源头活水"。如若不然，所有的高谈阔论，说到底就只是一个梦而已。

从行动开始，一直继续

这世间，没有任何一事较之立即行动更为重要，因为机遇总是转瞬即逝。在任何一个领域，游手好闲的人都不会获得成功。即便是百兽之王想要获得一餐可口的美味，也要全力以赴去行动，不行动、不努力，就会饿死！

可以肯定的是，每个人心中都有成功的想法，只是，并不是每个人最终都能获得成功。导致人生失败的原因有种种，其中极易被人们所忽略的一点就是拖延。拖延是个“窃贼”，它会麻痹你的意识，为你构筑一个“合理休息区”，你躺在那里，享受着被窝中温暖的气息，品味着梦中的甜美，于是久久不愿起床。即便勉强起身，亦如梦中未醒一般，睡眼蒙眬、四肢发软。本该今天做的事，非要拖到明天；本该自己做的事，非要推给别人；一直不懂的事，一直不想懂；一直不会做的事，一直不想学……在拖延的麻痹下，你已然习惯了“休息区”的舒适，而对于任何劳心费力的事都会感到不适，都不愿去做。就在这个时候，“窃贼”乘虚而入，偷走本该属于你的成功果实以及你的人生希望。可是你，却依然沉醉在舒适之中，乐不思蜀，对已定型的人生败局茫然不知。

这个“窃贼”的行为简直令人发指！古往今来，它不断作祟，造成了多少人间悲剧！

寒号鸟，多么可爱的小精灵，只因受到拖延的蛊惑，明日复明日，最终命丧“寒窑”。

朋友在几年前曾以志愿者的身份前往陕北某农村支教，回京后，意味深长地向我们讲起一件憾事。

当时，在朋友任教的学校不远处有一座窑洞，窑洞内住着一位孤寡老人，他喜欢坐在窑洞门口晒太阳。每每朋友打此经过，老人都会主动和这个“城里人”打招呼，久而久之，两人便熟识起来。

一次，朋友发现老人的窑洞顶裂了缝，便对他说：“老人家，这窑洞该修一修了。”老人笑了笑：“人老了，干不动了。”朋友心中有些酸楚：“老人家，这个周末休息时，我来帮你修！”老人很高兴，不住地念叨：“城里人，好人呐！”

然而，周末休息时，朋友因为周六去家访走了不少山路，回来时已感到非常疲惫，便想在周日好好休息一下——“下周再去帮老人修窑洞也不迟，他住了那么久也没什么事。”

可是，就在下个周四的晚上，一场暴雨袭击了陕北大部分地区，雨停后人们才发现，老人栖身的窑洞已经被大堆黄泥所掩盖——窑洞坍塌了，孤苦伶仃的老人被活活埋在了废墟之中！因为无亲无故，那座坍塌的窑洞，便成了他永久的栖身之所……

讲到这里，朋友的双眼已蒙上了一层雾气。

“这就是我回来的主要原因。”朋友说，“我实在无法从自责中解脱出来，每一次经过那座坍塌的窑洞，我的脑中都会不断浮现老人的音容笑貌，我都会不停地责问自己‘为什么不勤快一点！’为了不让自己崩溃，我选择了离开，离开那些求知若渴的学生，离开那座坍塌的窑洞。直到那时我才知道，拖延真的会害死人啊！”

朋友的话曾令我们一度陷入沉默，当然，谁也不能去指责朋友的不是，这结果谁都不想看到。何况，谁也不会想到，只是晚几天，便会造成这样不可挽回的后果。

毫无疑问，我们每个人都不想在人生中留下遗憾，那么就请将拖延这个窃贼从生命中赶走。拖延虽然是个顽固分子，但积极的行动正是它的宿敌，我们应该在希望尚未丢失之前，将其彻底地降服。

当这个窃贼怂恿你：“明天再干吧！”你要马上警醒，告诉自己：明日复明日，明日何其多。我生待明日，万事成蹉跎！

当这个窃贼怂恿你：“停下来吧，你做不到。”你要极力反驳：天下无难事，功到自然成！

如此，窃贼才会慢慢退出你的生活，还你一个积极、明媚的人生。反之，倘若你依然故我，那么在行将就木之时，或许也会默默念叨着：告诉我，告诉我，什么是完成了的？

有道是：说一尺不如行一寸。任何梦想，任何计划，唯有落实到行动上才能缩短与成功之间的距离。我们做人做事，既要心动，更要行动，否则成功永远就只是一句空话。

诚然，行动也未必一定成功，但不行动就一定不会成功。世上没有免费的午餐，天上当然也不会掉馅饼，生活不会因为你有某个想法而给你报酬，成功的果实肯定需要你用行动去换取。

一个人的成功始于梦想，但结果则取决于行动。你希望得到成功，成功也希望垂青于你，但你若不行动，失败就会赶走成功，伴随你一生。智者们深明此理，于是他们总是竭尽全力让拖延从生命中消失。

美国作家奥格·曼狄诺就常对自己说："我要采取行动，我要采取行动……从这一刻起，我每一小时、每一天都要不厌其烦地重复这句话，直到它像呼吸一样成为我的习惯，而那行动，要像眨眼一样成为我的本能。"

爱迪生 75 岁高龄时，每天仍然坚持准时到实验室报到。于是有记者问他："您打算什么时候休息？"爱迪生故作为难地答道："真糟糕，活到现在我还没来得及考虑这个问题。"爱迪生 84 岁那年与世长辞，他一生共有 1100 多项发明，是当之无愧的发明大王。对于自己的成功，爱迪生曾这样评价："别人以为我今天的成就得益于我是个天才，这是不正确的。只要是个头脑清醒的人，只要他肯努力行动，就能取得像我一样的成就。"爱迪生有句名言——"天才是百分之一的灵感，加百分之九十九的汗水。"这汗水，就是行动。

所以，请不要再做思想上的巨人，行动上的矮子。要知道，成功是信心、耐心、诚心和持续行动的集合，仅有一个想要成功的想法，这决不会给你的人生带来任何好处，唯有行动才能承载起你的梦想。

今天的付出，明天的资本

路再长，也只能一步步走完；路再短，也要迈开双脚才能到达。人世间最难之事莫过于坚持，最易之事亦是坚持！与其盯着远方的模糊之物不放，不如着手去做身边已然清楚的事情。

东汉有一少年，名陈蕃，其祖上为河东太守，陈蕃素来胸怀大志。陈蕃 15 岁时，独居一室，但其室龌龊不堪。父之友薛勤前来拜访，见状乃责其曰：“孺子何不洒扫以待宾客？”陈蕃不以为然，当即反驳道：“大丈夫处世，当扫除天下，安事一室乎！”薛勤随即给其当头一棒：“一屋不扫，何以扫天下？”陈蕃无言以对。

显而易见，陈蕃之所以不扫一屋，无非不屑于此。为人一世，志存高远，“欲扫天下而后快”诚然可贵，但一定要以“不屑扫屋”来表示自己“弃燕雀之小志，慕鸿鹄以高翔”，则实在令人无法苟同。老子有云：“合抱之木，生于毫末；九层之台，起于累土；千里之行，始于足下。”

荀况亦曰：“故不积跬步，无以至千里；不积小流，无以成江海。”

列宁强调：“人要成就一件大事，就得从小事做起。”

张瑞敏则说：“什么是不简单，把每一件简单的事情做好就是不简单。什么是不平凡，把每一件平凡的事情做好就是不平凡。”

可见，古往今来，古今中外，但凡智者，无不知晓“扫一屋”与“扫天下”的哲学关系：屋存于天下间，扫天下则必扫屋，不扫屋则必不能扫天下。也就是说，天下但凡大事，必由小事积累而成，正如集腋成裘，弃小事而只问大事，无异于弃基建楼，华而不实，禁不起推敲，稍有震荡，便岌岌可危矣！

所以，如果你真的渴望成功，就不要轻视小事，一定要摆正心态从小事做起。因为，唯有做好当下，才有资格谈明天。

野田圣子，于1983年进入日本东京帝国饭店工作。令她始料不及的是，自己这样一位白领丽人，在受训期间竟然被安排去洗厕所，而且上司要求，每天必须将马桶擦洗得光洁如新。

野田圣子打娘胎里出来就从未做过这么“恶心”的事情，在第一次将手伸入马桶中时，她几欲作呕。这时的她有一种想哭的冲动——自己可是一个名副其实的高才生啊，竟然沦落至此！她本想立即辞工，可又不甘心自己步入社会的第一次尝试就以失败告终。因为她曾经发誓：一定要走好人生的第一步。

就在她进退两难之际，酒店中一位老员工给她上了印象深刻的一课。只见他拿起工具，一遍又一遍地擦洗马桶，直至光洁如新。然后……然后他竟然从马桶中盛出一杯水，连眉头都没皱一下便一饮而尽，整个过程没有一丝一毫的做作。做完这一切后，老员工微笑地看着野田圣子，他是想告诉新员工：自己清洗过的马桶绝对是干干净净的，这里的水是完全可以喝下去的！

眼前的景象给了野田圣子极大的震动，她深刻地意识到，工作的价值和意义，不在于其工种，关键是从事工作的人能否将一颗心放在工作上，作出尽善尽美的成绩。从此，野田圣子暗下决心：即使一辈子洗厕所，也要做个最好的厕所工。

为了强化自己的职业态度，也为了证实自己的工作质量，野田圣子在工作完以后，曾不止一次将马桶中的水喝下。培训结束时，酒店高层前来考核，野田圣子当着所有人的面，再次重复了这一系列动作，结果令所有人当场震惊。尤其是酒店老总，更认为这个女子不简单。正是凭借着这种一丝不苟的工作态度，野田圣子在 37 岁之前，一直是东京饭店晋升最快的人。37 岁那年，她成功进入小渊惠三内阁，成为日本最年轻，也是唯一的一位女性邮政大臣。

我们所要学习的，是野田圣子那种一丝不苟，凡事从一点一滴做起的精神。因为这一点一滴中，可以折射出一个人的品质；这一点一滴中可以体现出一个人的整体素质；这一点一滴中，可以反映出我们未来的生活模样。所以，无论面对任何事，即便它再微不足道，我们也要脚踏实地、认真对待，力求做到尽善尽美。如此一来，再做大事时，我们才能游刃有余。

只是可惜有很多人不明此理，他们像陈蕃一样，心中只有“鸿鹄之志”，眼中只有“天下大事”，却从不知做好当下。然而，陈蕃在遭遇当头棒喝以后，终能醒悟，成一代名臣；可生活中这些痴者，又何时才能醒来呢？

殊不知，成功其实很有脾气，它看不惯好高骛远的浮躁，气不过眼高于顶的狂傲，所以每每与之遭遇，总是能避则避，断不肯与之沆瀣一气。于是乎，总有一些人日日夜夜期盼着成功的到来，却又总是与成功擦肩而过。

如薛勤所言：一屋不扫何以扫天下！那么，小事不成何以成大事，当下狼藉又何以谈明天？这世间事当如是：自视过高者未必高人一筹，妄图一步登天必然跌落深渊。成功容不得幻想，飘飘然于空的人生只能以失败收场。人根本没有权利选择环境，更不要妄想环境反过来适应自己，不切实际的念头只会让人空余悲怆！

如果你不知悔改，该做的事不做，就这样让自己悬浮在空中，那么再美好、再可行的设想，也永远只是一个设想而已。因为，没有人可以不经历过程而直达终点，不经历平凡而直获伟大。

所以，请做好当下吧，做好当下，我们才有资格谈论明天；做好当下，成功与我们的距离就会缩短在咫尺之间。

第四章

现在和未来最大的依靠是你的自立

靠山山会倒，靠人人会跑！别指望永远依赖别人，别奢望有谁会一辈子让你依靠。人生所能依靠的，只有自己。“人”字那一撇一捺就是独立的支撑，活着，一定要对得起这个“人”字！

自己才能给自己一生的依靠

懂得喜欢自己的人，会在内心寻找快乐，而生性懦弱的人，却将快乐寄托于人，结果在寻寻觅觅、患得患失中沉沦。在这个世界上，能陪你到最后的只有自己，成功与失败都需自己承担，与别人无关，没有谁是你永远不变的靠山。

我们必须学会适应孤独，因为没有人可以陪你一生，虽然有些无奈，但现实就是这么残酷。要学会坚强，学会一个人去面对人生中的林林总总，因为，没有谁可以陪你到永远，没有谁能够随时出现在你身边，所以我们有必要也必须要成为自己的“救生圈”，不再一味奢望别人的帮助，要勇敢，要坚强！

诚然，每个人都希望有个依靠，这样人生真的会减少很多烦恼。可是，倘若有一天，他突然消失在眼前，不复出现，你的人生难道就要止步不前？

然而有些人，早已把依赖当成一种习惯，行走于世间，他们胸膛中有的就只是一颗紧紧张张、颤颤巍巍的心。

有这样一个女人，因为嫁得金龟婿从此拥有了幸福的生活。谁知天有不测风云，先生壮年之时因为一场车祸不幸罹难。女人一瞬间陷入了极度的悲痛与恐慌之中，她对朋友说：“一直以来，我都十分依赖我先生，我需要他那双强有力的手做支撑。

他在世时，只要不在身边，我就会发信息给他，对他说：‘请把你的手放在我腰间，可不可以？’而他，只要有时间，就一定会回短信：‘我的手一直在那里！’每每此时，我都会被一种安全感和幸福感所笼罩。但倘若他不能及时回复，我就会陷入极度的恐惧和不安。”

这显然是缺乏安全感的表现，这位女士，她的人生需要一双手来做支撑。只是，纵然先生还在，谁又能保证这双手长在呢？万一它放在了别人的腰间，难道她的心就要一世不得安宁吗？

“安全感”人人都需要，但什么才是真正的安全？中国有句俗话：“靠山山会倒，靠人人会跑。”世事无常，没有人会是你永远的依靠，没有人能给予你一世的安全，其实说到底，还是你自己的坚强、独立最安全，最可靠。

不是这样吗？你能依靠谁呢？是呵护你长大的父母、与你卿卿我我的爱人，还是指引你成长的导师？

是父母吗？是的，家永远是我们最温馨的港湾，在国内，几乎所有父母都心甘情愿成为孩子的依赖。可是，父母终究不能伴随我们一生。人，只有完全脱离父母，才能真正长大，只有完全学会独立，才能成为自己。若非如此，你就不是一个独立的存在，就无法成长且超越自我，就没有能力去面对人生中的一切。那么，假如有一天，父母不在了，你该怎样去生活？

难道是爱人？假若你是一个女人，那你一定要明白，男人在迷恋你时，你就是他手中的一块宝，百依百顺、呵护备至；男人在嫌弃你时，你就是墙角的一棵草，想起时看你一眼，想不起便任你憔悴、衰老。这话说得或许有一点绝对，但假如这种事情真的发生，那对于过分依赖男人的女人而言，绝对是世界末日的来临。其实女人应该明白，绝大多数的男人都有猎手的本能，都有猎艳的心思，他们很难将心思永远放在一个女人身上，很难将她永远当成一块宝。所以，女人应该未雨绸缪，不要使自己在离开男人以后便一无所有，最起码你要有自己的生活、自己的未来、自己的快乐。

是你人生的导师？导师与你无亲无故，他只是你人生某一阶段的指导者，并不承担让你依靠的义务。他们给予你的，或者说你追随他们所学到的，应是能使你彻底丢掉拐杖、独立经营人生的能力。他们指导你便是希望你有朝一日脱离依赖，建立自我，成为真正的你自己。所以，终有一天他们会将你“逐出师门”，让你独自在人生中磨砺。如你已经学有所成，自然再好不过，如你令人大失所望，那他们也只会眼睁睁看着你成为一摊烂泥。因为，没有人愿意一再搀扶扶不起的阿斗。

没有人愿意被称为“阿斗”。只是，在处境艰难时，依然会希望从别人那里得到一些帮助，除此之外，你可能认为别无他法。但是，谁又肯一如既往、平白无故地帮助你？对于别人的给予，你拿什么去回报，拿什么去换取？是物质？还是情感？

其实，无论什么时候，无论处于何种状态下，最值得你依靠的，只有你自己。困境中，我们最明智的做法，就是相信自己，依靠自己，因为我们永远的靠山，就是我们那颗永远坚强的心！

下面的故事，或许能使大家从中受到启迪。

第二次世界大战期间，一位商人受战争所累破产了，他感觉像天塌下来一样。万念俱灰的他抛妻弃子，四处流浪，甚至一度想过一死了之。

只是一个偶然的机会，他看到一本名为《自信心》的励志书，由此激发出些许希望和勇气。他千方百计地找到书的作者，希望对方能够帮助他重新站立起来。作者在听完他的诉苦以后，摇了摇头，淡淡地说："很遗憾，我帮不了你。"商人就像一个酒鬼偶然捡到一瓶茅台却发现里面装的不过是白水一样，瞬间萎靡下来，他喃喃自语："看来，我是真的没有希望了。"

谁知作者却说："虽然我无法令你重振雄风，但有人可以！"商人眼中瞬间放射出饿虎扑食一样的光芒。

随即，作者将他带到一面镜子前，手指镜子对他说："就是这个人！这个世界上，唯有他能令你东山再起！你必须坐下来，彻底认清这个人，要不然，你就去跳密歇根湖吧！因为如果你连他都认不清，那么无论是对于你自己还是对这个世界而言，你都只是一个废物。"

商人目不转睛地盯了镜子片刻，手指划过憔悴的脸、干裂的唇、浓密的胡须，突然抱头痛哭起来。

数月以后，作者与商人偶然在街头相遇，但此时的商人已然脱胎换骨。他衣着干净齐整，满面春风，他挺着胸膛，看上去一副很成功的样子。商人很是感激地对作者说："谢谢您，是您为我找到了依靠，是您让我看清了真正的我。现在，我重新找回了自信，我应聘到一份待遇很不错的工作，我正在努力奋斗。将来，我会带着真正的成功再去拜访您！"

商人在镜子中找到了自己永久的依靠，也就此明白了"人"的结构含义：那一撇一捺般站立的两条腿，不就是用来做自立支撑的吗？所以世界上真正的强者，都会将支点放在自己身上，或者说他们根本不相信其他人可以成为自己永久的靠山。他们在人生路上从容地走着，跌倒了，就再爬起来，疲惫了，就歇一歇，但决不会驻足太久。因为人生太短暂，容不得太多的流连。

人的幸福应该把握在自己手中，无论是谁，最终都有可能离你而去，所以你最值得依靠的，永远是你自己。你的人生精彩与否，就在于你能否把握好自己。

价值如何体现——独立

人的价值要靠独立来体现。或许你惧怕打破那层依赖关系，但不妨问问你在精神上信赖的人，看看他是否更敬佩那些能够独立思考、独立行事的人？你若能独立，别人自会尊重你，尤其是那些曾经支配过你的人。

我们在一步步成长，残酷的现实告诉我们：你必须独立！在这个竞争惨烈、压力空前的社会，你我不过是一粒微尘，我们必须努力、自立，才不至于沦落到社会的最底层。

大千世界，斗转星移，我们不过是一粒微尘。没有我们，地球依然转动不息。现实不会以你我的意志为转移，倘若别人的意志比你我更强些，我们就要竭尽全力去弥补这差距，这样，人生才不至低迷。

我们已经长大，长大的我们必须学会独立，我们得慢慢学会享受孤独，虽然这或许有一点残忍，但我们必须明白，独立是我们可以更好生活的基本保障。

无论是工作还是生活，我们必须学会独立，当你做到以后就会发现，它原来并不是想象中那般孤寂。你从依赖的圈子中脱离，失去了外力的支撑，却能获得更大的空间展示自己。

那么，你有没有这样的勇气？

你想靠着别人吃饭，做个名副其实的乞食者？

想一想，每每走过天桥、地下通道，看着那些衣衫褴褛、满手污泥的乞讨者，你的心中会是怎样的一种情绪？倘若对方年迈无助或是身有残疾，我们会献上一份同情与帮助；倘若对方年富力强，那么，我们抛给他的应该就只是一份鄙夷。

那么，倘若你想靠着别人吃饭，与那些乞讨者又有何异？又或者说，你是一个高级的乞讨者。

同样的，你所得到的应该也会是轻视、欺辱和鄙夷。

除非一种情况，你所依附的，是你的父母。他们断不会对你置之不理。于是，你无所事事，吃穿不愁，这让你感到很舒适，你就这样一直下去，衣来伸手，饭来张口，拿着父母给你的钱呼朋唤友。对此，你从不曾感到一丝愧疚。

再后来，你交了女友，到了谈婚论嫁的时候，又要父母给你买车、买房。你总觉得这些都是应该的，谁让他们生了你，生了你就要对你负责。却不知，父母辛劳半生的积蓄，已被你榨得所剩无几，若如此下去，终有油尽灯枯的时候。到那时，你又向谁去榨取？他们到年老的时候，又拿什么去颐养天年？指着你吗？就指着你这样一个“寄生虫”吗？还是，你希望看到他们像天桥下那些人一样，匍匐街头？

你有没有想过，这种寄生的日子，何时是个尽头？一个人失去了自我，是不是就已经不再在乎尊严？其实，纵然你还在乎，但已然没有资格再去谈论这两个字！或许，这世间除了父母之外，再没有人容得下这样的你。别人或许可以资助你一时，但决不会资助你一世。纵使是曾经花前月下、海誓山盟的恋人，一旦他将你视作“寄生虫”，你的好日子也就到了头。

或许很多女性朋友都有过嫒嫒这样的遭遇。

嫒嫒未嫁之前，是一家IT企业的小白领，过着小资的生活。

每每 ONLY、百丽上了新款衣裤、鞋子，她都会马上光临、试穿，然后毫不犹豫地买下，日子过得逍遥自在、无拘无束。闲暇时，与朋友泡泡吧、看看电影、喝喝咖啡，活得非常滋润。

后来，媛媛认识了现在的老公，然后结婚，两年以后有了一个漂亮乖巧的女儿。此时，老公的事业已经走上正轨，媛媛觉得自己没有必要再那么辛苦，因为老公完全有能力养着自己。于是她辞去工作，一门心思地做起了贤妻良母。

渐渐地，朋友疏远了，交际变少了。以前酷爱化妆的她，不知从何时起，已经不再涂睫毛膏，也不再描眉。每每走过商场，爱美的媛媛也会去欣赏、试穿，但除非必要时，很少打开钱夹。因为，她花的每一分钱，都要伸手向老公去要。有时做完家务，媛媛一个人站在阳台上，望着不远处繁华的街道，心中竟会泛起一阵阵莫名的空虚。

再后来，老公以公司资金短缺为由，削减了媛媛的生活费用，每个月只给她 4000 元的家用，这当中还包括燃油费、物业费、水电费、煤气费、医药费等一切家庭支出。有时，媛媛甚至会因为钱不够用，不得不刻薄自己，但她不敢向老公开口。因为现在要靠老公养着，老公给多少就是多少，在家里，一向都是老公说了算。

又不知从何时起，老公开始早出晚归，从初结婚时的恋恋不舍到现在的来去无踪，媛媛感到老公对她越来越冷淡，夜里也没有了原来的激情。凭着女人的第六感，媛媛推断老公在外面有了别的女人。因为她能从老公身上嗅出玫瑰花香水的味道，而这种香水，自己从来不用。

但她并不敢与老公摊牌，此时的她已经没有了独立生活的勇气，她害怕失去这份赖以生存的“呵护”。于是她暗暗跟踪，查出那个女人是谁，然后跑到那个女人面前，苦苦哀求对方放过自己的老公，女人心生愧疚，应允了。可是没过多久，她又在老公身上嗅出了茉莉花香水的味道……媛媛伤心透顶，几近崩溃，却又无可奈何——没有了他，谁来养我？我该怎么活？她觉得自己只能忍气吞声。可是，难道就这样一辈子吗？

女人一旦放弃了独立，成为男人身上的一根藤，成为男人身上的寄生虫，从此就要看男人的脸色。男人对你好，你是幸运的；男人对你不好，你只能忍着，因为离开了他你就不知怎样去生活。

那么男人呢？其实无论男人女人，若是过分依附别人，得到的都是一样的结果。你向别人乞食，就注定要看人家的脸色，人家让你往东，你不能往西；人家让你站着，你不能坐着；人家数落你，你只能听着；人家欺辱你，你只能忍着！

事实就是这样，靠别人的施舍过活，你就是“寄生虫”，如果不想被“肠虫清”打掉，你就得安分点，别让人家感到不适。

又或者，你可以做只“跟屁虫”，人前一脸媚笑，人后捧着臭脚，天天卑躬屈膝，日日拍手叫好。人家坐着你站着，人家吃着你看着，人家摔倒你当垫背，人家打架你当炮灰，人家咳嗽一声，你立马就要捧上痰盂……

你是否可以忍受这些？如果你觉得无所谓，甚至喜欢这样的生活，那么请继续你的“执着”！如果你不希望自尊被践踏，那么就把独立作为人生的准则。因为你不独立，没有任何人可以帮你。你必须向前努力拼搏，为今天，为明天，为今后更灿烂的生活。

你不要把独立看得太难，虽然这个过程有些痛苦，但你要鞭策自己：必须独立！因为生活还得继续，责任还没有担起，你凭什么躲在那里好吃懒做？

人生就那么几十年，你不能像个虫一样活着，即使过程对你而言是一种折磨，也要咬牙坚持……

掌握在自己手中的才是命运

命运掌握在自己手中，所以不要把希望寄托在别人身上，当人生陷入困境，首先想到的应是如何靠自己站起来，像个人一样站立。

从古至今，国人似乎已经习惯在“靠”字上做文章——“在家‘靠’父母，出门‘靠’朋友”“背‘靠’大树好乘凉”。在这个竞争惨烈的时代，很多人所关心的，并不是自己的竞争能力强不强，而是能不能找到一个过硬的靠山。因为有了靠山就可以平步青云，有了靠山在跌倒时就会被扶起。

那么，这个大写的“人”字又有何意义呢？人字一撇一捺，就是一个独立的支撑。它意味着，长大以后就要独立行走；意味着，跌倒以后就要靠着这一撇一捺自己站起来——像个人一样地站立！

然而，很多人，尤其是当代的一些年轻人，他们的人生，时至今日或许并没有经历过真正意义上的挫折。每每不小心跌倒，总是有人迅速将其扶起，因而造就了他们的依附性。他们自幼“锦衣玉食”，即便是父母自己不舍得穿、不舍得吃；他们被父母抬着走，即便那只是两双并没有多少力量的手。他们习惯了这种被供养、被搀扶的生活，所以当生活向他们展示现实的残酷之时，他们往往会吓得像烂泥一样瘫在那里。

这时，他们会很怀念母亲温柔的怀抱，怀念父亲强有力的臂弯，那里是何等的舒适、安逸！哪像温室外这般凄风苦雨。于是他们就趴在那里，哭泣着、回忆着，期望着有人将自己扶起。总之，他们从没有意识到，按照自然规律，人总要成长起来，从学着独自站立开始，慢慢独立行走、独立奔跑……此时的他们，或许觉得自己依然未出襁褓，他们觉得自己依然需要和风细雨般的呵护，至于如何才能使自己站立起来，那是别人的事情，是要看别人何时会来搀扶自己。于是乎，当强者已经向着人生的最高点冲刺之时，他们依然瘫在那里，就像一摊腥臭的烂泥。

借问一句，这其中有没有你？你是否也和有些人一样，从来都要依靠搀扶走路，以至于忘记了双腿应有的功能，离开搀扶，便会倒地不起。你是不是也是这样，承受不了一丁点的凄风苦雨，一旦遭遇挫折打击，奋发向上的热情便会沉落谷底，自我封杀站立的勇气，只能寻求搀扶赖以度日，不在乎能不能出人头地，不在乎会不会被别人看不起。

倘若真是如此，那么希望你还能警醒，爬起来，像个人一样站着！你要认识到，别人的搀扶只会造成你对生活的力不从心，而一个生活不能自理的健康人，得到的就只会是别人的鄙夷。你，唯有放弃等待，靠自己的双手撑起身体，靠自己的双腿稳稳站立，才能真真正正活出个人样来。

有这样一个场景或许大家都不陌生，类似的经历在你我身上可能亦曾发生。只是，你我的长辈能否如故事中主人公的父亲那般睿智，我们又能否如主人公那般转醒呢？

一名中国大学生以极其优异的成绩考入美国一所著名学府。不过，他的热情很快被残酷的现实伤得体无完肤。初来乍到，人地两疏，沟通障碍，水土不服，饮食不惯，使他思乡日久人憔悴，病卧他乡无人知。为了治病，留学生几乎花光了银行卡里的生活费用，他的生活由此日渐拮据起来。

身体痊愈以后，留学生决定效仿前辈，靠一双手养活自己——他来到一家餐厅，做起了刷碗工，老板答应给他每小时8美元的报酬。但是，仅仅做了一个星期，留学生便再也支撑不住了。要知道，他在家里向来可是十指不沾水的，何时做过这么“辛苦”的工作！但是，他的生活真的成了问题。

这时的留学生已然没有了当初的踌躇满志，他觉得一个人在外生存太难，他想起了家乡，想起了父母的悉心呵护，想起了老师、同学的赞许和羡慕。是啊，在国内，自己可是被人人捧着、惯着的骄子，可到了国外，不但没有了昔日的风光，甚至连吃饭都成了问题。自己为何要受这份洋罪？倘若是在国内，自己一定还是那样风光，即便有了困难，自然也有父母、老师、同学主动帮忙。思来想去，留学生觉得无论怎么比较，还是国内要好一些。于是趁着放假，他订购了回国的机票，准备回去与父母商量退学事宜。

他满心欢喜地走出机场，远远便看见前来接机的父亲。一瞬时，思念之情、委屈之情齐涌心头，他迎着父亲快步走去。久别重逢，父亲似乎也格外高兴，他张开双臂，准备给儿子一个温暖的拥抱。可就在父子即将相拥的一瞬间，父亲突然一个后撤步。留学生收力不及，一个趔趄摔倒在地。他心中很委屈，不知道父亲为何要这样。他伸出手，想让父亲将自己拉起来。然而，父亲却不为所动，他看着萎靡在地的儿子，语重心长地说道：“孩子，无论何时你都要记住，自己跌倒只能自己爬起来，这个世界上没有任何一个人会是你永远不变的依靠。如果你希望别人看得起你，就要靠自己站起来，像个人一样地站着！”

父亲的一席话令留学生满面羞红。他从地上爬起，敬重地望着父亲，接过父亲递给自己的返程机票，心中已暗暗下了决心。

学期结束以后，他拿到了学校的最高奖学金；一年以后，他又在一家颇具国际影响力的刊物上连续发表数篇论文。从此以后，无论遇到什么困难，无论跌得多么重，他都能打起精神，他始终记着父亲的那句话："如果你希望别人看得起你，就要靠自己站起来，像个人一样地站着！"

如果你希望别人看得起你，就要靠自己站起来，像个人一样地站着！——有父如此，实在是一种幸运。

美国女诗人海伦·凯勒曾经说过："当一个人感到有一种力量推动他去翱翔时，他是决不应该爬行的。"你愿做一只翱翔的雄鹰，还是一只爬行的蠕虫？如果你还想在人前当人，那就爬起来，像个人一样站着！

你要拒绝别人的搀扶，培养、锻炼自己独立的能力，将依赖和拖沓甩进太平洋底，以坚强的意志，宣告自己已经能够昂扬站立。

你一定要拒绝别人的搀扶，将他们的好心视为一种激励。你应该大声地告诉这世界："我一个人可以站起来！"若如此，毫无疑问，你的人生会非常充实，非常绚丽。

"命运，不过是失败者无聊的自慰，不过是怯懦者的解嘲。前途只能靠自己的意志、自己的努力来决定。"爬起来像个人一样站着，别让所有人看不起！

手心向上，那还是你吗

庸人习惯依赖，将自己的获得建立在别人的恩赐与施舍之上，看他人的脸色过日子。一个“靠”字，靠断了他们原本很硬的脊梁；一个“要”字，成了他们生存的法则，最后也就会要了自己的命。

《礼记·檀弓》中有这样一段记载：“齐大饥。黔敖为食于路，以待饿者而食之。有饿者蒙袂辑屦，贸贸而来。黔敖左奉食，右执饮，曰：‘嗟！来食！’扬其目而视之，曰：‘予惟不食嗟来之食，以至于斯也！’从而谢焉，终不食而死。”

这就是人们常说的“不食嗟来之食”，现代人常用来表现自己有骨气——宁可饿死，也不要施舍，因为一旦接受了别人的施舍，在对方面前便抬不起头来。

华夏民族历来讲究骨气，所谓“人活一张脸，树活一张皮”，又说“宁可站着死，决不跪着活”，都是对自尊的看重。纵然在物欲横流的今天，绝大多数人依然将其视为不可触碰的底线，视为一生不变的准则，在精神与肉体之间、在精神追求与物质追求之间、在尊严与获得之间，重前者而轻后者。若二者不能两全，宁可弃后者而取前者，以使自己不至于像猪狗一样地活着。

曾看过这样一篇纪实报道：

某日，一名中年男子在苏州葑门横街号啕大哭，看样子伤心至极。人们很奇怪，到底是什么情况会让一个七尺男儿如此狼狈？

一问才知，原来他坐公交车时，身上的钱全部被扒手窃了去，虽不是巨款，但对他而言亦不是一笔小数目。况且，这是他辛辛苦苦攒下来，准备给母亲看病、买药的钱。

记者闻讯赶到这里并了解到，中年男人今年40多岁，与年逾古稀的母亲相依为命。平日里，仅依靠卖点木梳、板刷之类的小百货维持母子二人的生计。生意最好的时候，也不过挣个50多块，一个月千元左右的收入，还要去除200多元的房租，而且母亲还有心脏病哩！

中年男子的遭遇让记者及围观市民十分同情，大家决定各自拿出点钱帮他救救急，没想到却遭到了中年男子的拒绝，他说："我不是来骗钱的！"

随后，中年男子边哭边走地离开葑门横街。他说："我要去把带出来的货卖掉，买点东西回去给老母亲吃。"他告诉记者，虽然生活十分艰苦，但自己从不愿接受别人的施舍，他觉得自己完全有能力凭着双手养活母亲。

不知您有没有被震动？反正我是被震动了。这只是一个平凡人的平凡想法，但是，却又让人觉得那么不平凡。或许，绝大多数人都能够自食其力，拒绝不劳而获，但在这种生存状态下，在这种突如其来的变故发生之后，又有几人能够依然坚持自立、维护自尊呢？我们觉得他不平凡，恰恰是因为他向我们诠释了做人的意义：自力更生，用自己的双手托起生活的明天！

这原本就是华夏民族的精神传承，但是现在一部分人确实已经忘记了为人的根本，他们想不劳而获，就那样像乞讨者似地活着。

可是，人家是因为生活所迫，你又是因为什么？人家身有残疾，你有手有脚，凭什么掌心向上，要求别人的施舍？

这种人很悲哀，也很令人厌恶，于是人们创造出很多贬义词来比喻他们，比如：

寄生虫：这个比喻再恰当不过——寄生在别人身上，没有思想，不劳而获。

硕鼠：这是对特定人群的一种贬斥。

金丝雀：特指某一类女人。

啃老族：这是时下较为流行的一个词语。很多人都是这样做的，他们寄生于父母之身，不将父母啃净榨干誓不罢休。

口语中类似的贬义词数不胜数："吃软饭的""吃闲饭的""把嘴搭别人家锅沿儿上的"……可见，在正常人眼中，不劳而获、坐享其成的人是多么的厚颜无耻。

人为什么会变成这样？说到底还是惰性在作祟，还是依赖性在怂恿。依赖性是很多人狼狈一生的劣根所在，它会使人将希望寄托在别人身上，而自己舍不得出一丝一毫的力气。它会使人失去精神上的独立自主性，失去自我，由此不能独立思考，丧失独立生活的勇气，好吃懒做，坐享其成。

殊不知，手心向上的日子久了，你便不再是你！是什么？是没有自我的行尸走肉，是惰性的奴隶，是"寄生虫""硕鼠""金丝雀""啃老族"……人还是要靠自己，才能让人看得起。上帝不会将任何一个人逼到绝路，但也不会平白无故地给予。世人的同情心还没到泛滥成灾的地步，你四肢健全地伸手行乞，没有人会去怜悯你，没有人觉得应该施舍你，除非你愿意自残身体！

人生在世，不劳而获终不是长久之计。亦如耕种，不播下种子，哪能得到果实？你每日想着上天的恩赐、别人的给予，难道就能画饼充饥？天上若果真掉下个大馅饼，你就不怕烫到你？人这一生,财富、名利、地位当靠自己去争取,若是靠人施舍，充其量是个寄人篱下的可怜虫，一种现代奴隶而已，还谈什么抱负志向、财富名利？

如果你有心悔改，决定做回你自己，当务之急就是摆脱依赖他人的思想。注意，我们强调的是“摆脱依赖的思想”，不要曲解为“拒绝与他人交往”。你要自信自立，因为只有自信自立，才能找回自尊，才能正确评估自己，才能在生活中找到自己的位置。只有你找回了你自己，你的人生才会充实美满。

第五章

为了未来，苦苦寻找我也愿意

机会有时真的就像小偷，它来时悄无声息，走时却让你损失惨重。人生需要机会来成就，但机会难得，需要你去寻找，倘若你找到了它，请一定握紧双手，否则，后悔的只能是你自己。

人生最遗憾，你没给机会开门

与机遇无缘的，往往是那些懒散度日、优柔寡断之人。当机遇来敲门时，他们或是视而不见，或是瞻前顾后，就这样将机遇轻易送走，到头来却又抱怨时运不济。殊不知，他们没有选择相信机遇，机遇自然也不会再相信他们。

曾经，有一个非常好的机会摆在我们面前，而我们却没有珍惜，等到失去才追悔莫及，人世间最痛苦的事情莫过于此。而这一次，上天决不会再给我们一个重来一次的机会，如果机会已然来敲门，我们却对此茫然无知，或许这就是人生最悲催的时刻。

对于机会，我们总是苦苦求索，我们渴盼着机遇的眷顾，可是当它真的来了，我们又视而不见，对它倍加冷落，难道这能怪自己的福浅命薄?

有人说："机遇是金，稍纵即逝。"此话一点不错，机遇是金，它可以为我们带来成功的硕果；机遇来去无踪，你稍加冷落，它便闪身而退。我们一直期盼能够得到机遇、改变生活，可往往正是我们自己亲手关闭了机遇之门，丢失了本该属于自己的美好。看过下面这则故事，或许你会发现，很多时候，我们与那个愚蠢的穷人根本毫无区别。

以前有个穷人，他一直希望有机遇能够降临到自己身上，借以改变这穷困的生活。不过，他最钟情的事情并不是寻找机遇，而是躺在床上睡懒觉。

有一天，穷人一觉睡到日上三竿，醒来时发现天气非常不错，碧空万里，明媚异常，于是便决定到院落中晒晒太阳。

他来到屋外，倚在一块大石上，似睡非睡。忽然，一个白胡子老头来到他身边，打招呼道："你好，我的朋友。"

穷人斜睨了一眼，又迅速闭上眼睛。因为对他而言，睁眼其实也算是一件费力的事情。白胡子老头似乎很不知趣，又问道："你躺在这里做什么？"

穷人勉强睁开眼睛，回答："我在等属于我的机遇。"

"哦，你知道它长什么样子吗？"

"我不知道，因为我从来没见过它。"穷人理直气壮地说，"不过，听说它可是个宝贝，如果有幸能够得到它，就可以改变命运，升官发财都不在话下。"顿了顿，穷人似乎更来了精神："哈哈，或许我还能娶到一个漂亮的老婆！"

"哈哈……"白胡子老头也笑了起来，"你连机遇是个什么样子都不知道，又怎么实现你那些美梦？不过，如果你相信我，那么站起来，我倒可以帮助你。"

"谢谢，你还是先帮助你自己吧。"穷人对于老头的好意显然不屑一顾，"我要在这里等我的机遇，我相信它会来找我的。"

白胡子老头闻言叹息一声，摇摇头走掉了。

这时，村中的一位智者急匆匆地赶了过来。

"刚才，他来了，你抓住他了吗？"

"谁啊？"穷人一下子如丈二和尚，摸不着头脑。

“就是刚刚那个白胡子老头啊！”

“哦，他是谁？我为什么要抓住他呢？”

结果显而易见，智者一阵惋惜：“他就是机遇呀！你不是一直在等他吗？可是他主动来找你，你却又让他轻易离去，哎……”

“天啊，我真的不知道他就是机遇，我竟然撵走了他，我现在就去把他追回来！”

“没用了，每个机遇只会在你面前出现一次，一旦溜走，你就再也别想挽回。你或许可以抓住下一个机遇，但如果你一直这样懒散，就肯定一个也抓不住。”

机遇究竟是个什么样子，没有人能够说得清，但只要你是个有心人，那么在它出现时，就一定能够有所察觉，并将其牢牢抓住。而不是像那个穷人一样，机遇主动来敲门，他却将之拒之门外，这是何等的愚蠢！

然而，更可气的是，一些人日日夜夜喊着没有机会，可机会真的来了，他们又畏缩起来，推三阻四、犹疑不决。譬如，某君在公司负责外贸业务，开始时就他一人，老板欲让其挑大梁组建外贸部，该君则怕承担责任，婉言拒绝。后空降一人，此人对业务不甚熟悉，但倒有几分领导才能，于是某君处处受制于人，整日长吁短叹。可是，这又能怨得了谁？

你是否有过临危受命的时刻？当时你又是如何做出选择的？须知，一念之间便可改变一个人的命运，倘若该君当初能够鼓起勇气答应下来，结果又会怎样呢？或许，以他的能力和经验，在接手之初会有些磕磕绊绊，只要有勇气坚持下来，假以时日又何愁不能得心应手呢？

“说你行，你就行，不行也行。”别人对你寄予厚望，给你机会去展示，即便你有点小忐忑，也要勇敢地应承下来，因为这就是一个来之不易的机会，能够把握住，你便可以实现质的飞跃。亦如那蝴蝶的蜕变，不敢破茧而出，就只能困死茧中，终其一生也不过是条虫；若破茧而出，便可迎风展翅，广袤天地任你起舞。

所以，当机遇来临时，让自己清醒一些，勤快一点，多几分魄力，多几许勇气，而不是等失去机遇时跺足捶胸。

大家可否反思过，究竟是什么让我们屡屡与机遇失之交臂？我们不妨做个简单的总结：

其一，守株待兔的懒惰

对于懒人而言，生命更像是一种负担，他们似乎只是在为活而活。他们将所有希望都寄托在等待之上，一直等待着机遇的降临，乃至从翩翩少年等到白发苍苍，却始终一无所获。可惜他们并不知道，机遇已经无数次地与自己擦肩而过。

其二，输不起的懦弱

懦弱者多与成功无缘，因为他们缺乏最基本的自信。但凡一件事存在失败的可能，他们便不敢去做，但凡有一点点的障碍，他们就不敢去跨越。殊不知，机遇或许就在障碍的那一端，你畏首畏尾，就只能一无所获。

其三，漫无目的的散乱

漫无目的的人，终究只会徘徊在一个小圈子里无所作为。他们的眼中没有目标或是目标过于散乱，甚至都不清楚自己究竟想要怎样的生活，又何谈把握机遇？

其四，见异思迁的摇摆

见异思迁、摇摆不定是人的一大劣性。这样的人极易放弃自己原本的追逐，转而去效仿别人的喜好，每每半途而废，空耗时间与精力。他们在机遇来临之时，也是首鼠两端，机遇就会弃他而去。

当然，令我们丢失机会的原因有很多，这只是其中颇具代表性的几个。或者说在你我身上可能就存在这样的劣性，那么有则改之，无则加勉。

毫无疑问，只要是个头脑清晰的人都知道，机遇于我们到底意味着什么。所以当机遇来临之时，就不要再懒惰，不要再犹豫，不要再退缩，你只有大胆地伸出手，它才会落入你手中。

试看那些成功者，几乎无不具备果敢无畏、雷厉风行的性格，纵然他们也会犯错，但亦不知强过那些懦弱之人多少倍。他们在机遇面前总是该出手时就出手，出手的次数越多，当然能够抓住的机遇也就越多。

反观那些失败者，他们的落寞很大程度上要归咎于其本身不具备辨别机遇的能力，如此又何谈掌控机遇？兵法上说："用兵之害，犹豫最大。"细思之，人生又何尝不是如此？犹疑的最直接后果，就是导致我们屡屡与机遇擦肩而过，甚至令我们在人生的战场上折戟沉沙。

其实，人之一生，精力充沛、斗志昂扬的时光并不多，所以有花堪折直须折，莫待无花空折枝。唯有如此，才能尽量减少我们生命中的遗憾。

与其等它，不如找它

我们不排除运气，但更重要的是如何寻找和挖掘机会，而绝不是等！因为，人生毕竟有限，唯有充分利用有限的时间与精力，我们的生命才会更加多姿多彩。

曾听老人讲过这样一个故事：

据说在很久很久以前，人世间涝旱交替，病魔肆虐，民不聊生。上苍担心人因此而绝望，于是派遣一个名叫“机会”的女神下凡，给人们送来希望。不过，上苍同时也附带了一个要求——不能让世人看到她。于是机会女神来到凡间以后，采用了障眼法，她白日便是白色，黑夜便是黑色，只不过偶尔也会发出一些奇异的味道，或是若隐若现的光亮，而那些细心之人便会由此发现她……

真的很佩服老人的智慧，竟能构思出如此贴切的故事。不是这样吗？这世间有多少人日日都在期盼着机会的来临，可是他们就只是在“等”而已，却从不想着如何去发现机会，捕捉机会，结果可想而知，机会女神又怎肯轻易现身呢？

我们是不是常听到抑或自己也曾说过这样的话？再等等机会吧，再等等看。只是，等到了吗？机会女神从来不青睐懒汉，她更偏爱那些时刻准备迎接她的人。所以，请不要死等机会女神来找你，因为机会女神不会轻易露面，她需要你细心地去观察，认真地去寻找。

其实，没有人可以轻而易举地获得机会，亦没有人一生一世都没有机会。所谓没有机会，只是因为你的疏懒与疏忽，令飘来的机会又瞬间逝去。或许你有成功的渴望与梦想，但你也只是在渴望，在梦着、想着，却从不肯消耗力气为自己争取机会，于是，你有限的生命就这样被你无情地挥霍。

那些生活中的强者较之你我有什么不同？同样的四肢健全，大脑的容量亦相差无几，为什么两者之间的境遇会如此悬殊？或许，他们比我们多的就只是一些努力与魄力，一些寻找机会的努力，以及一些勇于争取的魄力。

我们一直在等，可究竟等的是什么？等待运气的降临？等待机会主动现身？等待着某个人自主自愿地扶助我们，送我们锦绣前程？可是，你可曾听说过，有人死等就能等到机会？你可曾听说过，一个人一味等待着别人拉扯和资助，就能够成就一番事业？

这世上没有不劳而获的事情。你要想拿到红利，必须先投资，同样，你若想获得机会，便必须有所牺牲，牺牲你的安逸、你的享乐，努力地去寻找机会。否则，你便只会一而再、再而三地与机会擦肩而过。

曾有朋友给我讲过这样一个故事，自认为颇有寓意，拿出来与大家分享一下：

在国外有一家大企业，一次内部会议上，董事长在发言时要求在座每一位员工站起身来，低头看看自己的椅子。结果，每个人都在自己的椅子下面发现了钞票，少则100元，多则1000。在座员工对董事长此举甚为不解，但董事长只说了一句话："我要告诉你们的是——坐着不动是永远得不到钱的！"

故事很短，但寓意深远。人生大抵如此，无论是对于生活还是工作而言，等待只是一种浪费，因为等待永远不可能获得机会。

我们每个人都怀有美丽的梦想，面对着繁华的世界，我们多少个日夜热血沸腾、辗转反侧，勾画着自己的人生蓝图。但是，未来变幻莫测，我们害怕一着不慎满盘皆输，因懦弱而对未来陷入了迷茫。我们搬来大堆的典籍，对古往今来那些成功者和失败者一一分析，反复揣摩，希望能够领悟每一个传奇人物的成功精髓，吸取每一个落寞人物的失败教训。我们一直在准备着，因为“时机还不成熟”。

我们瞪大了双眼，紧盯着身边人的成功，希望能够从中攫取一些宝贵的经验；我们苦苦思索，希望能够找到一个进可攻退可守的万全之策；我们一直在寻找，一直在准备，一直在等待……只是，沉舟侧畔千帆过，渐渐地，我们发现自己已不再年轻，机会此时显然又更青睐那些青年才俊，而我们，似乎还没准备好，便已成了明日黄花。而那些曾经被我们摒弃的项目，在青年才俊们的手里，却又做得风生水起，赚了个盆满钵满，于是，我们又开始辗转反侧……

但是，我们始终没有认识到，世界的变化是永恒的，构思可行与否，还需要尝试才能下定论。我们确实没有认识到，未来是不可预知的，没有一个成功者在有百分之百的把握时才会起步，因为只有迈开人生的第一步，才能在不断的搏击中洞悉所有细节和关键。

古语有云：“天下事有难易乎，为之，则难者亦易矣；不为，则易者亦难矣。”其实，人生之难只在想象中，人生之易亦只在行动中。别总以为时机还不成熟，没有行动，时机就永远不会成熟。须知，机会永远不是等来的，它只在行动中！

前期的准备，成功的累积

机会总是青睐少数人，因为只有少数人懂得如何迎接机会，这些人堪称智者，而庸者则只会在睡梦中让机会白白消逝。人常说："机会只眷顾有准备的人。"说是这样说，可又有几人认真思考过——这"准备"二字，不应该只是说说而已……

有人将机遇比作小偷，因为它来时无声无息，走后却令我们损失惨重。倘若想减少人生的损失，就必须要抓住机遇。于是，如何掌控机遇，成了每一个人必须要研习的人生课题。倘若学有所成，便有可能就此改变我们的一生。

只是，多数人只将精力放在如何发现机遇，然后抓住机遇上，却忽略了最基本也是最关键的一步——为机遇做好准备。试想，倘若你之前毫无准备，那么机遇来临之时，你又敢保证自己能抓得住它吗？

其实，很多人自身条件原本不错，可是为什么会一而再再而三地与机遇失之交臂？究其根由，还是因为我们预先没有做好准备。因为没有打造好捕获机会的基本条件，因而也就丧失了展示自己的机会，而剩下的，恐怕只有懊悔。

毫无疑问，能否为机遇做好准备，这关系到我们的命运。有先见之明的人，往往更容易受到机遇女神的青睐。譬如推研，有准备的人就可以不参加全国统考而直接成为研究生；譬如出国，有准备的人就可以在众多骄子中脱颖而出，博得出国深造的机会；譬如就业，有准备的人在踏出校门以后，就能在成千上万的竞争者中拔得头筹，找到一份令自己满意的工作……而没有准备的人，则只能眼睁睁看着这些难得的机会被别人斩获，从此命运，天地悬殊。

或许在很多人眼中，和珅就只是一个不折不扣的大贪官，除了贪、吞的手段，便别无所长。殊不知，和珅不仅长得一表人才，其才华也并不输人。

和珅最初不过是个没落的八旗子弟，在其父死后承袭三等轻车都尉。官不大，但因为其祖上是开国功臣，故可以随侍帝王，这便为和珅的政治前途开了一个好头。

乾隆四十年，和珅迎来了政治生涯的转机。这一年某日，乾隆皇帝一时兴起，要外出游历，宫人仓促之间未将黄龙伞盖准备好，乾隆帝动了雷霆之怒，喝问道："是谁之过？"君王发怒，岂是儿戏？一时间，文武百官胆战心惊，唯唯诺诺，而那时尚名不见经传的和珅却应声答道："典守者不得辞其责！"

乾隆皇帝循声望去，但看说话者仪表不凡，器宇轩昂，不禁心头一动，赞道："若辈中安得此解人！"问其出身，知是官学生，也是读书人。须知，侍卫多为武夫，像和珅这般有学问的是不多见的，而乾隆皇帝有个毛病大家也都知道，就是好以文采炫耀，又喜别人说他爱才，于是一路上便与和珅闲谈起来。乾隆帝以四书五经为问，和珅总是能够对答如流，使龙颜大悦。回宫后，遂派其督管仪仗，升为侍卫。从此以后，和珅算是攀上了乾隆帝这棵大树，官场上一路畅行无阻，直至位极人臣。

看到这里，或许大家会以为，和珅的飞黄腾达不过取决于一次投机取巧式的博弈，若真这样想，你就错了。试想，倘若和珅胸无点墨，那么在乾隆帝考问经书时，他又该如何作答？据后人考证，和珅非但不是不学无术，而且，甚至可以称得上才高八斗。以他在狱中所作的二诗为例——“一生原是梦，廿载枉劳神”“对景伤前事，怀才误此身”，这几句丝毫不次于李斯临死前的奏上书。可见，说和珅无才无能多是对他的一种偏见。

另据马先哲先生考证，和珅其人竟精通四种语言：“去岁（乾隆五十六年）用兵之际，所有指示机宜，每兼用清、汉文。此分颁给达赖喇嘛，及传谕廓尔喀敕书，并兼用蒙古、西番字。臣工中通晓西番字者，殊难其人，惟和珅承旨书谕，俱能办理秩如。”（详见《八旗通志》卷首六）。要知道，在当时的满汉大臣之中，能兼通满、汉两种语言者，已可称之为能人，而和珅却通满、汉、蒙、藏四种语言，谁又可说他无才？可见，乾隆皇帝之所以如此信任和珅，不仅仅是因为他擅长溜须拍马，更重要的是，他确实有可用之才。

由此完全可以说，正是得益于之前的充足准备，才使得和珅一鸣惊人。试想，倘若他只有勇气而没有能力，又何谈在人才济济的乾隆盛世独得专宠呢？

所以，有时输了，你别不服气，因为这只能怪你自己！这世间之人，谁都有大脑，但并不是每一个人都拥有真正的智慧；每个人都有眼睛，但并不是每个人都拥有独到的眼光；每个人都有一双手，但也绝不是每双手都能抓住机会！千言万语中最可悲的一句话莫过于：“曾经有一个非常好的机会放在我面前我没有去珍惜，等到失去才追悔莫及。”遗憾的是，口出此语的人又比比皆是！

其实，很多人只是单纯地渴望机会，有心动却没有行动，更多的情况下，他们只是在等着天上掉馅饼，他们完全没有意识到，机会虽然无处不在，但毫无准备的人却永远也抓不住它。

生活中，我们常听到这样一句话："某某人只不过是运气好而已，如果给我相同的机会，我会比他更出色！"真的是这样吗？那么，为什么机会找他而不找你？还不是因为你未曾做好准备，被突如其来的机会打了个措手不及？说到底，这样的话也不过是落寞后的自我安慰罢了。

很多时候，我们都习惯性地怨天尤人，却从不舍得在自己身上找原因。对于那些看似一夜暴富的人，我们心中总有着一种莫名的情绪，是羡慕，是嫉妒。我们眼里只有他们成功后的风光，却对其背后的付出、为达到目的所做的准备视而不见。我们总以为他们的成功只是偶然，却参不透所谓偶然之中的必然。因为，他们早就有所准备！

其实，机会对于每个人而言，都是平等的，它有可能降临在任何一个人身上，但能否将其牢牢抓在手中，则完全要看你的准备程度。所以，无论何时何地，我们都不能懈怠，做好准备，去抓住邂逅的机遇，才能为自己的人生画下浓墨重彩的一笔。

我们的生活便是要时刻做好准备，走在人前，如果你还在苦盼着机遇的到来，那么，请马上去做好准备吧！倘若准备不足，即便机遇真的来临，也不过是在你落寞的心上再添致命一击！与机会失之交臂，纵然你再懊恼，再痛苦，也只能追悔莫及！

发现不了它，那就创造它

我们人生的方向在哪里，机会就在哪里，与其静静等待别人给予机会，不如主动出击。机会无处不在，就看我们能不能获得。

记得一位哲人曾经说过：“愚者错失机会，智者善抓机会，而成功者创造机会。”真的是这样，机会对我们一视同仁，成败的关键就在于我们能否发现机会、抓住机会，乃至创造机会，最后又能否利用机会铺平通向成功的道路。

其实，很多成功人士都在不断强调：你不一定非要等待机会，因为，你完全可以自己创造机会。当年，亚历山大在攻陷了敌人的一座城池之后，曾有人问他：“假如再给您一次机会，您会不会选择再攻陷一座城池？”亚历山大闻言非常不屑：“什么？我不须别人给机会，我就可以创造机会！”显然，亚历山大能够名垂千古，被世人尊称为“最伟大的帝王”，与他这份异于常人的魄力必然是不可分割的。再看古今中外，那些名垂史册之人，又有几人不懂得利用机会、创造机会呢？

机会不是死等来的，它需要我们去创造。倘若它十年不来，二十年不来，那么我们非要等到青丝变华发吗？敢问，你是不是还在苦等机会？又等了多久？真的不要再等了，因为人生没有太多的时间和精力可以让你消耗在等待之中，既然别人能够为自己创造机会，那么我们为什么不能？我们很有必要认清眼前的形势，在这个竞争惨烈的时代，机会一般不会主动来找你，你躺在那里等待，没有人会注意到你，机会又何从谈起？因此，我们有必要将自己打造成一块磁石，主动将机会吸引过来。这是一种决定成败的观念：是主动出击还是被动地接受选择，或许将决定你一生的命运。

不过，说到底，国人终究还是偏于内敛，不能不说这与数千年传承下来的文化思想存在着莫大关系，在这方面，美国人显然要比我们更积极一些。以下这段文字，是某海归成功人士在做演讲时的摘选，读过之后，应该会给我们很大的触动和启发。

“我刚到美国求学之时，常去听讲座，每次前来演讲的主角，都是华尔街或跨国公司的精英管理人员。第一次听讲座，我便发现了一个有趣的现象——那些美国同学总是将一张硬纸对折一下，然后用色彩鲜明的笔以粗体写下自己的名字，再将其立于课桌上。我对此很不解，便向旁边的同学寻求答案，他笑着告诉我，前来做演讲的都是顶尖人物，他们本身就是一种机会，如果你能做出令他们满意或是惊异的回答，也就意味着你将有可能获得很多出人头地的机会，这是一个显而易见的道理。事实的确如此，我就曾亲眼看到周围的几位同学，凭借着出色的见解最终获得了前往一流企业任职的机会……”

“是金子早晚会发光”——失意之人常以此话自励，现在看来，它倒更像是一种消极的自我安慰。纵然你是一块金子，但倘若被深深地埋在土里，又有谁能看得见你？才能是得到机遇不可缺少的条件之一，但二者并不存在直接的因果关系，有才能而不懂得争取，那么与无才又有何异？人生中很关键的一步，就是你能不能适时地亮出自己，用自身的魅力去吸引机遇。

只是很多人，或是受传统观念影响，或是根本就不明就里，总之他们很少主动去争取机会，于是“我没有机会”反倒成了他们失败的托词，这俨然是在自欺欺人。因为，真正的强者从不死等机会，他们会以无畏的勇气、十分的努力去创造机会，他们从来只相信，能够把握命运走势的，只有自己。

强者与弱者在对待机会的把握上显然有着天壤之别，羸弱之人即便给他一个蕴藏诸多机会的好开端，他也只会越做越平凡；强悍之人即便处身于平凡之处，也知道如何让自己成为一块磁石，吸引机会的到来。

不是这样吗？试问一句，如果提到饭店服务员，大家首先会想到什么？——她们很忙、服务态度不好。如果不是长得养眼一些，或许大家就只能留下这点印象。但谁又能说，在这极度平凡的岗位上就没有机遇呢？

有这样一位服务员，相信你见过之后，也会对其过目不忘。

首先声明一点，对其念念不忘并不是因为她长得国色天香。

她工作在一家连锁餐厅，店面不是很大但很洁净。

一次，与同事一起来这里吃早点，大家各点了一杯“杂粮汁”，据说是店里的特色饮品，但尝过之后大家不禁大失所望，口味淡淡的，品不出什么味道。不过，大家此前都未喝过，以为“杂粮汁”就是这样，随口说了两句，便不再理会。

这时，不远处的服务员却突然走了过来，看样子是察觉到我们正在评价这款饮品，于是问道：“请问，各位对我们这款饮品有什么意见吗？”

我们微微一愣，没想到这位服务员竟如此心细。

“有点失望，不甜，也不香，没什么味道。”同事快人快语。服务员又将眼睛望向其他人，“是的，不甜，也不香。”大家重复着同事的话。服务员听后，略表一下歉意，便走开了，我们以为她至多将意见反映给店长，以求日后改进，于是继续吃饭，不以为然。

谁知片刻之后，服务员竟端了一小杯蜂蜜过来，她在我们每人杯中加了一点，搅拌均匀，而后微笑着说道："请各位品尝一下，这样是不是会好一些？"

这真的令我们感到很惊讶，没想到这个服务员竟能够如此高效地解决自己发现的问题，她对客人的需求真的用了心。

这顿早餐吃得大家心情非常愉快，因为每个人都真正体会到了"被服务"的感觉，乃至走出店门大家竟不约而同地赞起了那位服务员，而不是食品。再次强调一下，这只是一个普通的连锁店，并非五星级酒店，而她也只是一个普通的服务员。她能做到这样，除了用心，别无他解。

于是此后，我们便成了这家小店的常客，直到有一次没有在店中发现她的身影。

"她辞职了吗？"我们向她的同事询问到。

"哎，准确地说，应该是另谋高就。被一个来我们这里吃饭的客人挖去做店长了，据说是一家很大的连锁餐厅。运气真好。"

我们会心一笑，这似乎与运气无关，她能得到这个机会，是因为她真的用了心，而机会女神对于每个人都是公平的……

事实上，很多人都像她的同事那样，将别人的成功看作是运气，于是抱怨机会女神厚此薄彼，这显然不是智者所为。那些真正的强者，决不会将人生的失意、处境的困顿，归咎于机遇冷待自己，因为机遇就在那里，取与不取，完全取决于你自己。

所以，不要再将"酒香不怕巷子深"挂在嘴上，等待别人主动来关注你，等待机会自动降临在你身上，几乎没有可能。一个人，若想获得发挥才华的机会，就必须积极地将自己展示出来，用你身上的磁场去吸引机会的到来。

毛遂自荐式的自我展现，绝不是肤浅的显摆，当你具备了足够的实力以后，就应该到更适合自己的位置上去发挥。唯有如此，你的价值才能最大化地被体现出来，你的人生才会更加地别开生面。

居里夫人也曾说过："弱者等待时机，强者创造时机。"单纯地抓住机遇，还是被动的，智者会主动创造机遇。机遇无处不在，但此时还不属于你，它需要你用行动将其揪出来。

第六章

变通一点儿，南墙也变无影墙

正所谓“条条大路通罗马”，我们没有必要一条路走到黑。此路不通就绕行，撞了南墙就回头，不要将固执当执着，将莽撞当无畏。若是有他法可寻，又何必将自己撞得血流不止呢？

执着有时候也分“真”“伪”

当你握紧双手，里面什么都没有，当你摊开双掌，世界尽在你手中。有时候，放弃是为了更好地获得，不得进时，松开手，重新选择，反而会绝处逢生，迎来希望。衡量一个人是否睿智，不单要看他在困境中如何进取，更要看他在走错路时懂不懂得转变思路，适时停止。

执着是获取成功的必要因素，我们做人做事，就要有点锲而不舍的精神，遇事总是半途而废，那么穷其一生也不会有所成就。

但是，执着并不等于“死心眼”！古人在励人之志时说：“只要功夫深，铁杵磨成针。”此话固然不错，若单就励志而言，其精神也很值得我们学习。不过大家有没有想过？偌大一个铁杵，要把它磨成绣花针需要多少时日？这期间老婆婆总得吃饭、睡觉吧？况且那是个“白发苍苍”的老婆婆！有生之年老婆婆能达成自己的心愿吗？

再则说，她有磨铁杵的时间，养点蚕、弹点棉花或者揽点其他力所能及的活计，难道就买不来一根绣花针吗？所以笔者以为，此事若非后人杜撰，或许就只有两种可能：其一，老婆婆是李白家亲戚，故作此举，意在激励李白好好学习、天天向上；

其二，这老婆婆是个死心眼、偏执狂。故得此结论：精神可嘉，行为不可效仿。

诚然，我们常说做事要从一而终，坚忍韧不拔，但如果所做之事脱离现实或者说客观条件不允许，那么与其徒劳无功，不如趁早放手。其实很多时候，放手也是一种睿智。人这一生要面临很多次选择，你只有放下无谓的固执，客观、冷静地去审时度势，才能少走弯路。盲目的执着，很可能并不是最好的选择。

这里有一个关于执着的故事，看似可笑，但很多人确实就在这样做着。话说很早以前有两个穷困潦倒的樵夫，常结伴上山砍柴。某一日，二人在山中发现两大包棉花，这简直就是老天的恩赐！棉花的价格可不是柴火能比的，这一大包棉花就能保证妻儿一个月衣食无忧。当下，二人也不再砍柴，各自背着一大包棉花，兴冲冲地向家中走去。

走不多时，眼尖的樵夫甲看到林中有一大捆布，走近细看，竟然是上等的绢布，有 10 余匹之多。樵夫甲对着山林就是一通跪拜——这或许是山神爷爷大发慈悲，在可怜天下穷人吧！于是他迅速叫来同伴，商量着一起放下棉花，改背绢布回家。可樵夫乙却摇起头来，他觉得自己已经背着棉花走了很长一段路，此时放下岂不是白费了很多力气？所以他仍坚持只背棉花。樵夫甲在苦劝无果的情况下，只得自己尽力背起一些绢布，与樵夫乙继续赶路。

或许真的是山神大发慈悲，没走多久，樵夫甲又发现林中有金光闪烁，待走到跟前，发现那竟是散落在地的数坛黄金。他连忙叫来樵夫乙，希望他能放下棉花，跟自己一同捧两坛黄金回家。谁知樵夫乙依然固执己见，坚决不肯放下棉花，并怀疑黄金可能有假，反劝樵夫甲不要白费力气，以免竹篮打水一场空。

樵夫甲只好独自捧着两坛黄金和樵夫乙一起朝家中走去。走到山脚下，天空突然乌云密布，顷刻间大雨滂沱，二人被淋成了落汤鸡。更不幸的是，樵夫乙那一大包棉花因为吸足了水，重得实在无法再背起。没办法，他只得舍弃一直舍不得放下的棉花，空着手与捧着两坛黄金的樵夫甲回到家中……

先不要笑樵夫乙愚蠢，在嘲笑别人时，请先看看自己身上有没有同样的错误。其实生活中有很多人，就是活脱脱的樵夫乙。这种人一根筋，认定一件事，不管错与对，不管值不值得坚持，都要一条路走到黑。若用两个字来形容他们，就是“偏执”，若用一个字来概括，那就是“傻”！

其实人生有很多种选择，何必在一棵树上吊死呢？当你在某一件事上坚持很多年以后，倘若依然没有任何进展，你就该考虑一下自己的条件适不适合做这个，抑或是这件事还有没有坚持的价值。如果你不考虑这些，只是一味地做盲目的坚持，那真是一种悲哀！

我们知道，成功的契机往往是带有一定隐蔽性的，能不能做出正确的抉择，势必会影响你一生的成败。而那些盲目执着的人对于成功的契机，往往会视而不见，因为他们的眼里只有自己的“棉花”，根本容不下其他，或许，这也正是他们人生困顿不前的原因所在。所以，当我们陷入人生的困境之时，不妨停下来检视一下自己，看看你是否坚持了不该坚持的，若是如此，换一个思路，换一条新路，或许你就能走出广阔天地。诺贝尔奖得主戈尔的选择，应该会对我们有所启迪。

戈尔曾经担任过美利坚合众国的副总统。1992 年，他与克林顿竞选总统一职；2000 年又与小布什展开角逐，结果嘛，谁都知道。

2000 年竞选落败后，有记者问他："您还会不会参加 2008 年的总统竞选？"

戈尔轻描淡写地答道："我已经放弃了对政治的热爱。"

的确，他没有再坚持自己的政治道路，从这以后，戈尔彻底转变人生航向，将精力放在了关乎人类生存的地球环境问题上。他奔走四方，号召全世界人民同心协力，解决日益严重的温室效应问题。

数年弹指一挥间，戈尔不辞劳苦地做了上千场演讲，他拍摄了关于地球环保的纪录片，又出版了相关书籍，从而使更多人认识到温室效应对人类的威胁。

这位在政坛未能十分得意的前政治家，却在及时转变人生航向以后，得到了意想不到的收获——他的付出影响了很多人，人们自觉行动起来，从身边的小事做起，共同维护地球的健康。而戈尔，也因为对于环保事业的巨大贡献而得到了诺贝尔奖委员会的高度肯定。

在斩获诺贝尔奖以后，又有好事的记者追问："你是否还会去竞选美国总统？"

戈尔淡然一笑："我现在做的事业要比做美国总统更伟大，我为什么一定要守着那条路走到黑呢？"

很多时候，如果我们能够放下一些固执，反而会使我们实现人生的真正价值，纵然你先前的目标很伟大，但它却未必适合你。盲目的执着，往往会令你的人生道路越走越窄。站在人生的十字路口上，请让自己保持充分的理性，睿智地去选择、冷静地去判断，拣一条真正适合自己的路去走。同时，我们还要随时随地对自己的选择进行评估，看看自己的航向是否存在偏差，切不要一条路走到黑，像那个不肯放下棉花的樵夫乙一样，固守着自己的执念，全然不考虑自己的执着是否与成功法则相排斥。这样的人，耗尽一生心血，也不会得到想要的结果。

人生不能只进不退，每个人多少都要懂些取舍，今日你所坚持的，如果根本不能给你带来什么，那就不能称之为执着，反倒是唤作“死心眼”更为贴切。懂得适时放下亦是一种智慧，人生的成败都是正常之事，遭遇滑铁卢以后仍继续坚持，其精神固然可嘉，但若不看形势、不论利弊，仍自顾自地埋头傻干，博来的或许就又是一个失望的结果。所以，不要在一棵树上吊死，放开眼界，懂得选择，学会放弃，找到真正适合你的那条路，你的人生才会越走越宽阔。

实力不济，不妨量力而行

“如果你不能是一只麝香鹿，那就当一尾小鲈鱼——但是要当湖里最活泼的小鲈鱼”——做人应量力而行，尽力而为，只求做最好的自己。如此，虽不能保证一定会实现你的理想，但若不这样，你一定不能实现自己的理想。

著名学者林语堂曾经说过：“明智的放弃胜过盲目的执着。”这是一种洞悉世事之后的豁达与睿智。是啊，明知自己力不能及，为什么还要死撑呢？做人应该清楚自己的极限在哪，凡事尽力而为之，但亦应量力而行，有多大的饭量就吃多少饭，不要撑破肚皮；有多大的能耐，就出多大的力，不要累垮自己！

人太爱逞强，往往会自讨苦吃。还记得儿时，看到姑姑家5岁的表弟坐在院子里吃生葱，我们这帮淘小子便起哄：“田田（表弟的乳名）真厉害，这么辣的葱，我们都不敢吃。”这一说表弟来了精神——“妈，再给我拿一根。”于是我们继续“激励”，于是表弟继续吃着……后来姑埋怨我们：“一点哥哥样儿都没有，你们走了，把他辣得直哭。”其实，小孩子都有这样的毛病，有人夸就觉得自己无所不能，做事欠考虑，往往容易陷入盲目，最后自食苦果，不过倒也情有可原，毕竟智力发育还不成熟。但年龄大了以后，我们遇事就应该仔细考虑了，不要头脑一热便不顾一切地做傻事。这时的我们应该清楚，人总有力不能及的事情，若你的能力还没达到那个点，就不要把目标设在那里，能自知而不偏执，才是真正的明智。

国人常说“明知山有虎，偏向虎山行”，有时是用来明志，表达自己不成功便成仁的决心；有时是用来夸赞，表示对某一“勇士”无畏精神以及坚定信念的钦佩。但是，这虎山之行也不是人人皆可的，武松和李逵可以，因为他们有打虎的本事，武大郎就不可以，因为他连西门庆都打不过。你我可不可以，这要取决于我们的能力，倘若明知实力不够，还非要去效仿武松，无异于自送虎口。

说到这里，突然想起朋友讲过的一个笑话，拿出来与大家分享一下：从前有一个猎人非常喜欢打猛兽，而且技术也不错。

某日，他带着心爱的猎枪上山，竟发现远处的山崖上有一只斑斓猛虎。猎人狩猎半生，从未猎到过老虎，于是很兴奋地瞄准……谁知，这只老虎太厉害了，不但躲过了子弹，还将猎人一下子扑倒！

这时老虎对猎人说：“我现在给你两条路走，一条是举枪自杀，一条是让我吃掉。”

猎人不想死，于是恳求老虎再给他另一种选择。

老虎又对猎人说：“那么再给你两条路，一条是让我吃掉，一条是舔干净我的屁股。”

猎人选择了后者。事后，老虎很满足地放走了猎人。

但是，猎人并不甘心，于是第二天他又带着一把来复枪上山，准备找老虎报仇。

终于，他又找到了那只老虎，可是又成了老虎的手下败将，于是又帮老虎舔了一次屁股。

回家以后，猎人越想越觉得羞辱，便又带上一把散弹枪上山找老虎算账，可是他再一次失手被擒……这时，老虎疑惑地问猎人：“你到底是来打猎的还是来舔屁股的？！”

这个笑话的寓意很明显，意在告诉人们：凡事要量力而行，当你想做某一件事时，先衡量一下自己有没有那个实力，倘若力量不够还要一意孤行，到头来就只会自取其辱。

诚然，人有追求是一件好事，为追求而执着也无可厚非，但前提是，需要认清我们的追求是符合现实的，还是只是一厢情愿的自以为是。倘若你天生五音不全，却偏要朝着歌唱家的道路去奋斗，倘若你连遣词造句都费力，却偏要著书立说，那与笑话中的猎人又有什么区别？这就好比一个弹丸小国，却总是妄想着奴役一个历史悠久的泱泱大国一般，只会自取其辱，空留笑谈。

所以说做人还是要知进知退，腿有多少的劲，就登多高的山，不要让自己负重前行。凡事量力而行，能做到就尽力去做，若真没那个本事，也没必要太勉强自己，真没那个必要！

你尽力了，但仍与目标有很大差距，并且已经确定是无法拉近的距离，那就放弃，承认自己不行并不丢脸的，明理的人也不会因此笑话你。毕竟，这个世界上没有人是无所不能的。

据说有一位登山队员，在攀登珠峰时由于体力已接近透支，便在 8000 米的高度停了下来。后来他向朋友说起此事，大多朋友都为他感到惋惜——“怎么不坚持一下”“咬一咬牙关就过去了”……他却笑着说：“不，我自己很清楚，8000 米已经是我能够登上的最高高度，我一点也不感到遗憾。”

你能说他懦弱吗？不，应该说是明智才对。因为，自己的状况只有自己最清楚，既然知道自己已经达到极限，又何必强撑呢？为了那些虚无的东西搭上自己的性命，那才令人惋惜！

老人常说“没有金刚钻，就别揽瓷器活”，就是告诉我们要有自知之明，凡事量力而行。若不自知、不量力，为难自己不说，有时甚至还会连累他人。譬如那纸上谈兵的马谡，自以为有淮阴侯的本事，逞强带兵又不听人谏、不遵丞相令，折了自己不算，还伤害了诸葛武侯，误了蜀国大业。

所以说，我们做事抑或是设定目标时，预先一定要做好评估，看看事情是否在自己的能力控制范围之内，预算一下成事的把握有多少，是“八九不离十”还是“差十万八千里”。若是后者，那趁早改弦易辙，这样对自己好，对别人也好，更不会给人留下“蚍蜉撼树”“螳臂当车”的笑柄。

人生总有力不能及的时候，不可能你想什么就能实现什么。人毕竟要依托环境来生存，因而不可避免地要受到种种制约，对此你要形成一个客观的认知，你要知道，给你一块木头，你永远不可能做出青铜器来。那么，对于我们而言，最好的选择就是将其雕琢成栩栩如生的木雕艺术品。人生就是这样，能不能走好这段路，关键在于你能否量力而行，尽力而为。掂得清自己的斤两，你便是智者；不知道自己的斤两而盲目执着，你就是傻子。

经验，不能“拿来”，要改良

沧海桑田，斗转星移，往日之经验未必适合今日之事，前人之言亦未可尽信。人生若想有所突破，就必须在借鉴旧经验的基础上对其进行改良，如此才能踢开阻碍成功的绊脚石。

咱们中国人有句俗语：“不听老人言，吃亏在眼前。”此话颇有几分道理。老人，毕竟阅尽沧桑，老人所总结出来的经验教训确实很值得我们借鉴。但是，既然是借鉴，就一定要加入自己独立的思考，而绝不是一味地照搬。前人的经验对于我们而言固然重要，它会使我们少走很多弯路，但固守经验则会令我们的思维受到禁锢，由此造成的后果可能会是——避开了一条弯路，却踏上了另一条弯路。

大千世界，日新月异，一切事物无不在发展变化之中，以昨日之眼光衡量今日之世界，必然难以理解，以昨日之经验套用今日之时事，则必然会受到束缚。是故一位哲人说：“做人做事不要轻易被一个陈规束缚住。墨守成规是前进的绊脚石，在‘不创新就死亡’的今天，突破陈规的约束尤为重要！”的确，时代在发展，环境在更新，一个企业倘若不思考改善，故步自封，势必会亲手将自己扼杀。同样，一个人倘若过分迷信前人的经验，不思改变，不予创新，亦步亦趋，墨守成规，那么他的人生决不会有所超越，弄不好还会令自己倒在旧经验之下。

再给大家讲一个笑话：

话说古时候有个卖草帽的货郎，每日都要背着草帽走街串巷，往返于各个村落之间。这一日，他在回家途中经过一片山林，感到很累，于是便钻入林中想躺下休息片刻，谁知身子刚一挨地，便不知不觉地沉睡过去。等他醒来的时候，竟发现卖剩下的草帽全部没了踪影，他正急得抓耳挠腮，突然听到一阵阵猴子的叫声。货郎循声望去，终于找到了答案——只见四周的树上蹲着很多猴子，而且每只猴子头上都戴着一顶草帽。

他大为光火，一时却又无可奈何。突然，货郎灵光一闪，想起猴子最爱模仿人这一特性，于是赶紧将头上唯一剩下的一顶草帽摘下，顺手丢在一旁。果不其然，那些顽皮的猴子见状纷纷效仿起来，草帽就这样一顶顶落回到地上。货郎非常得意，冲着猴子们扮了个鬼脸，背着草帽、哼着小调向家中走去。

回家以后，货郎开始向家人显摆起自己“智取群猴”的光鲜事迹，家人纷纷向他竖起了大拇指，把他好一顿夸，并将此事“父传子、子传孙”地流传了下来。

一晃几十年过去了，他的孙子继承祖业，也成了一个小货郎。

这一天，小货郎与自己的爷爷一样，又躺在林子中睡着了，也是“树林里放屁——凑巧（臭雀）”，他的草帽同样被一群猴子窃了去。小货郎忆及爷爷的传奇往事，迅速摘下头顶的草帽顺手丢在一旁。但事情并没有朝着他预料的方向发展，他甚至开始怀疑爷爷当年是在吹牛。因为，那群猴子压根就没有往下丢草帽的意思，反而都对他怒目相向，像见了仇人一般。

正在他疑虑之际，猴王现身了，它在小货郎目瞪口呆的注视下，优哉游哉地捡起地上的草帽，嘲笑般地说道：“年轻人，你 OUT 了，你以为只有你有爷爷啊！”

其实我们之中的很多人不正和小货郎一样吗？我们因循守旧，不知变通，照搬前人的经验，却不懂得根据客观实际，采取灵活对策，因而也不乏招人耻笑的经历。这显然不能怪别人无礼。

由此可见，在不断变化的外部环境及自身状况面前，一味套用前人的经验无疑是一种愚蠢的做法。正所谓“车轱辘往后转，人要向前看！”我们切不要盲目地认为前人口中的“正确”就一定正确，而不假思索地按部就班；当然也不要以为前人口中的“危险”就一定危险，而唯恐避之不及。其实，很多事情只有在尝试以后才能得知真相。人生路上，我们若想尽快攀上高峰，就必须激活自己的思维，切不可一味固守，否则只会使自己惨遭淘汰。

其实这并没有多难，推陈出新并非必须天才不可，只要我们在日常生活中能够做个“有心人”，时刻留意，勤于动脑，敢于改变，就能够对前人经验作出改良，从而找到解决事情的更佳途径。

很多人之所以几十年如一日地过着平庸至极的生活，就是因为从不去认真分析别人成功的原因，时至今日仍稀里糊涂地固守着“老人言”，畏首畏尾，不敢轻动，因而人生总是停滞不前。

其实客观地说，我们每个人无时无刻不在发生着变化，所不同的是，善于创新的人，往往只是灵机一动，便有一个好思路，便能开辟一条新道路；而或许只是这一次改变，便让他们领略到了不同的人生风景，从此人生蜕变，进退无碍。而不善创新的人，始终不明白变化对于人生的重要性，又或者说他们天生胆小，不敢尝试对前人的经验做出改变，于是一味固守，相较前者，其境遇也就越来越差。

倘若我们还希望在剩余的日子中，为人生画上浓重灿烂的一笔，那么从现在起，从这一刻起，请走出惯性思维的阴影，从此拒绝套用前人的经验经营自己的人生，若能如此，成功的机遇自然会在不远处迎接我们。

其实，无论你是否相信，也不管你愿不愿意接受，这世界上真的没有一成不变的事物。万物生长变化，这是大自然的规律，非人力所能抗拒，而我们最好的应对，就是对自身做出积极改变，以适应这个规律。

社会一直在发展，环境一直在改变，前人留给我们的经验真的未必百试百灵。当以往的经验不足以使人生有所突破时，那么不妨放下那份固守，或许你就能得到一次新生；或许只要我们敢于挥拳打破桎梏，就能重见光明。

思路活了，出路也就多了

“尽信书不如无书”，死守规则则不如没有规则。人生倘若一味不知变通，或许就只会徒劳无功。对于目标，我们所秉持的态度应该是：既要不断追求，又要有所放弃。君不见，那些懂得兜圈子、绕道而行的人，往往都是第一个登上顶峰的人？

我们看一下这个“囚”字，人被圈禁在方框内，于是自由全失。其实对于思想而言亦是如此，我们的思想一旦被禁锢，便等同于剪除了想象的翅膀，从此思维不能自由翱翔，人生不再激情荡漾，事业被限定在某一框架内，无法突破，更莫谈打造辉煌。此时此刻，唯一能解救我们的方法便是拆除思维里的“墙”。

很多时候，我们费尽心力，依然无法使事情朝着预期的方向发展，并不是因为目标难度太大，而是我们忘记了变通。古人云：“穷则变，变则通。”虽说人生贵在坚持，但这决不等于固执，如果顺着一条路走进了死胡同，难道你还非要等到天崩地裂为你把这条路劈开吗？这显然不可能！

“条条大路通罗马”，此路不通就换行！我们竭力打拼的目的是为了有朝一日“会当凌绝顶”，但你所选择的这条登山之路雄奇险峻、陡峭无比，非人力所能及，因此还没有登到一半便已摔得头破血流，骨断筋折，且一直也看不到胜利的曙光，那么，还有必要再坚持吗？识时务的人肯定不会。其实很多时候，果断地放弃更是一种睿智，或许换一个思路，你就能找到一条出路。

据说生物学家将6只蜜蜂和6只苍蝇各放入一个透明的玻璃瓶中，然后将瓶口朝向背光处，瓶底则朝向向阳处。实验开始以后，蜜蜂和苍蝇均一股脑儿地朝向阳处飞去，但每次都撞到瓶底，结果无法逃离。在经历过数次失败以后，苍蝇们开始胡飞乱撞，尝试从各个方向寻找出路，而蜜蜂依然非常固执地一次又一次撞向瓶底。结果两分钟以后，所有的苍蝇都从背光的瓶口逃离，那些蜜蜂们却还在冲击着“玻璃墙”，最终无一幸免地困死瓶中。

生活中很多人同苍蝇一样，在同一个方向上屡屡碰壁以后，便会吸取教训，果断地选择放弃，另辟一条新路，结果最终成就了自己人生。还有相当一部分人，就是不折不扣的“傻蜜蜂”，他们在同一方向上不断受到阻挡，却依旧固执地相信自己的判断，结果耗尽心血也不出成绩，就这样，困顿一生。其实，这种人是很可悲的，他们的遭遇也着实令人惋惜。试想，倘若“傻蜜蜂们”能将这份执着用对地方，那人生又该是怎样一番景象？

成功需要坚持，而坚持绝不是固执。路的旁边也是路，或许它们看上去曲折狭窄，但当你所选择的那条路被泥石堵死时，这些小路或许才是你走出困境的希望。所以，不要硬逼着自己死走一条路，有时放弃原本的坚持并选择一条新路，也许就会柳暗花明又一村。

这里有一个年轻人的故事，读过之后或许会令我们有所警醒。

张君傲自幼便对金融行业有非常浓厚的兴趣，一心要考取中国人民银行总行的研究生。可是，三大部《中国金融史》差不多被他翻烂了，却一而再再而三地名落孙山。在此期间，一些爱好古玩的朋友常拿一些古钱币向他请教，开始时，为了显示自己的专业知识，张君傲还能不厌其烦地细心讲解。可是到后来，前来询问的人实在太多了，再加上屡屡落第心情不佳，他便开始感到厌烦了。那一日，又一位朋友前来请教，张君傲耐着性子讲完，正准备送朋友出门，谁知对方突然说了句："我觉得你可以尝试编写一本有关古币的书籍。"真可谓一语惊醒梦中人，对方走后，张君傲经过一番思考，遂决定编一册《中国历代钱币解析》，如此一方面可以巩固所学知识，一方面还可以为朋友提供方便，一箭双雕，何乐而不为？翌年，张君傲依然没能考上中行的研究生，但他所编撰的那册《中国历代钱币解析》却被一位出版商看中，首次出版就印刷了一万册，当年便销售一空。如今的张君傲已经迈入了中产阶级的行列。

其实很多时候，我们最初的选择未必就是最好的，甚至，由于判断上的失误和认知上的偏差，我们为自己选择的可能就是一条死路。若是这样，即便熬干心血也不过是徒劳无功，那坚持又有什么意义？试想，那些搏击一世而未成功的人，会不会正是因为太过执着于既定目标，因而忽略了人生中的精华部分，才导致其泯然于众人的呢？

这个世界充满了变数，纵然当初你选择的是一条活路，可谁又能保证它不会被突如其来的障碍所堵塞？于是活路又变成了死路，难道你还要以"不成功便成仁"的姿态将其开辟吗？退一步说，纵然开辟了，你还能留存几许精力？还有力气冲向目标吗？未必！

这个世界上，任何的方案都是人定的，方案是死的，但人是活的，我们无法预知事态的发展动向，但我们完全有能力随着时事的发展对计划做出修改，从而选择一条更适合自己的路。

生活不是一道判断题，并不是只有“是”与“否”两个答案，它是一道多选题，有很多正确答案可供我们选择。

生活亦不是一道几何题，并不是两点之间直线一定最短，因为在对人生目标的思考上，我们要考虑的不仅仅是距离问题，还有环境因素、人为因素、自身条件等。距离短的路线，未必不是荆棘密布，亦可能有巨石横立于前，纵然你身负劈山之力，但一路劈斩下去，恐怕也会精力耗尽，在到达目标前轰然倒地，亦如那不自量力的夸父。

相反，倘若我们能够变通一下，绕过障碍，换一条路来走，或许就能轻松地直达成功彼岸。

正所谓“失之东隅，收之桑榆”，通往成功的道路岂止一条？你又何苦执着于此，故步自封？此路不通，就再换一条，总有一条会适合你。只是，无论何时，我们都不要放弃追求成功的信念。

第七章

现在你的字典中还有放弃吗

有个日本诗人曾这样说道："生活就是——跌倒七次，爬起八回。"是的，人生之路不平坦，谁都难免有跌倒之时，跌跟头并不可怕，只要你引以为戒、"吃一堑长一智"，就能让自己走得越来越快，越来越稳。怕就怕，你趴在那里，一辈子不起来！

对自己要不抛弃，不放弃

一生中，我们会错过很多，同样的，也会遇见很多，只因为有舍才有得。所以，不要沉溺于伤心过往，世界从不曾抛弃你，你信赖这个世界，它就不会辜负你。

你可曾有过这样的时刻？一个人独处或是受到伤害的时候，总会觉得自己非常孤独，觉得整个世界都抛弃了你，那种落寞的情绪无以复加，你甚至开始放弃自己、甚至想以死来了结所有痛苦。那么，你真该好好反省一下自己了。

为什么要这样呢？殊不知自杀也是一种罪过，你自以为潇洒地离去，却把伤害留给了别人，譬如你的父母。

为什么要选择放弃？究竟是什么样的伤害能给予我们如此大的打击？是人生的失利？可你是否知道，没有人可以直取成功而不沐风雨，人总要在一次次的跌倒中学会走路，成功需要经过一次次失败的洗礼。

是某个朋友的背弃？可你是否知道，两面三刀之人根本不值得我们去珍惜，你应该庆幸他的离去，因为不知何时，他便有可能伤害你。只要你足够优秀，又何愁前路无知己？

是爱人的远离？可你是否知道，他为什么要离你而去？是因为你犯下了不可宽恕的错误，还是他朝秦暮楚、另攀高枝？

若是前者，你竟还有怨气？若是后者，你又何必因此萎靡？一个不懂得欣赏你的人，去了也就去了，结束了一段感情，还会有更好的人等着你。

所以，请不要再用空洞的眼神仇视着世界，世界没有抛弃你，只是你在不经意间抛弃了你自己。

不是吗？纵然你再不争气，慈祥的父母依然爱着你，兄弟姐妹依然护着你，朋友们依然陪着你，难道他们的真情真意，还不足以让你摆脱低迷？

可你总是在不停抱怨，抱怨人生路上太多崎岖，抱怨上苍不眷顾你，抱怨世界无情地抛弃了你，令你从此找不到生存的意义。其实你错了，错得非常彻底！

父母给予了你生命，这是人世间最珍贵的礼物，你必须要珍惜！朋友借坚实的臂膀让你依靠，你还说什么孤寂？社会给予了你生活的条件，经营得好不好全在你自己！那么，你还有什么理由不去珍惜？为何不做好当下，以图东山再起？请相信，无论你遭遇多么残酷的打击，世界都不会放弃你，只要你不轻言放弃。

圣诞之夜，绚烂的礼花渲染了美丽的星空。在礼花闪耀的瞬间，一位老妇人看到有个年轻人在轻轻哭泣。

老妇人走上前，关心地问道：“如此美好的夜晚，你为什么要哭泣呢？”

年轻人抬起头，伤心地说：“这个世界要剥夺我眼睛欣赏的能力，我的世界即将永远失去色彩，一生在黑暗之中度过！”

老妇人闻言，拉起年轻人的胳膊，说道：“那么，你随我去一个地方好吗？”

两个人不知走了多久，直到一个华丽的歌剧院门口才停下来。老妇人轻轻闭上眼睛，就那样静静伫立着，过了好一会，她才说："你听到没有？多么美妙的音乐？你能不能听出它的颜色？如果上天剥夺了我们用眼睛欣赏的能力，我们就用听去欣赏，因为它也是你世界中的一部分。"年轻人闻言，露出了欣喜的笑容。

一个月后，老妇人又在广场上看到了那个年轻人，这次他躲在角落中暗自流泪。老妇人很是纳闷，走上前问道："你为什么又要哭呢？"可是年轻人丝毫没有反应。老妇人拍了拍他的肩，年轻人随即抬起头来，见到是老妇人反而哭得更伤心。他哽咽着说："现在，我连唯一可以感觉色彩的听觉也丧失了，我余下的人生该怎样度过？我真的很害怕啊！"像上次一样，老妇人又将年轻人带到了一个空旷的体育场，她说："你可以尽情地去奔跑，把所有的痛苦都发泄出来，如果累了就停下来。"年轻人依言而行，他在体育场上疯跑、呼喊，直到筋疲力尽。老妇人走了过来，说："你看，这片土地可以任你尽情奔跑，你还可以用脚去感受这个世界。很多人连脚都没有，你不觉得幸运吗？"年轻人想了想，感到老妇人说得很有道理，于是又高兴地笑了起来。

没过多久，老妇人再一次遇到年轻人，这次他已经哭成了泪人，哭声中透露着无比的绝望与悲哀。他坐在轮椅上，向老妇人哭诉自己的不幸："老天先是夺取了我欣赏色彩的能力，而后又剥夺了我倾听世界的权力，现在它连我用脚感知世界的幸福都一并夺去，这个世界已经彻彻底底放弃了我，我活着还有什么意义？"老妇人让年轻人张开双臂，轻风拂过年轻人的脸庞、发丝、身体，亦如慈母那充满爱怜的双手。年轻人突然明白了老妇人的用意，他再次笑了起来。老妇人拉过他的手，在手心中写道：世界不会抛弃任何人，只有你会抛弃你自己。年轻人感到非常幸福和满足，因为他一直拥有整个世界！

几个月后，老妇人再次见到了年轻人，不过，这次是在宣扬“残疾人成功创业事迹”的电视访谈节目上。

其实，你并不是这个世界上最倒霉的人，当你抱怨没有新鞋穿的时候，有没有想过，很多人甚至连穿鞋的机会也没有。你四肢健全，心中却愁云密布，很多人身有残疾，心中却阳光妩媚，这对你而言难道不是一种莫大的讽刺？

命运并不可怕，怕的是向命运屈服。世界不会抛弃谁，那些受不了挫折打击的人，是他们抛弃了世界。于是从此，他们便真的一无所有了。

其实，这个世界上没有抛弃人的梦想，只有抛弃梦想的人。上帝为你关闭一扇门的同时，必然会为你打开另一扇窗。快乐与痛苦无疑都是人生的财富，与其消极逃避，不如勇敢面对。

其实，这个世界真的挺好，阳光就在我们头顶，阔土就在我们脚下，只要你不放弃，这个世界永远属于你。

犯错可以，别犯同一个错

人非圣贤，孰能无过。错了，或许会令我们有些失落，但在人世间行走，某些跟头确实应该跌。有些事情，错过、痛过、失败过，我们才能有所了解，于是警醒自己，从此不要再犯同一个错。

成功需要用失败来洗礼，辉煌需要用挫折来铸就，任谁的成功之路都不可能完全笔直，我们需要为成功交些学费，这学费就是失败。

那些今日风光无限的成功人士，昔日也曾有过灰头土脸的时刻，只不过，他们在失败以后没有躲在角落里哭泣，而是站起来，不断地自我审视、不断反省，从失败中吸取教训，知耻而后勇，于是成功就离他们越来越远。

然而，那些人生场上的失意者并不是这样，他们跌倒以后，并不晓得从失败中吸取教训，而是趴在那里一蹶不振，始终让失败的阴影笼罩着自己。他们也有可能会反思，但也仅限于一个较浅的层次——“如果当初……就不会这样！”“要是我没有……该有多好！”“如果”“要是”之类的词语他们会反复念叨着，但亦只是后悔、只是抱怨，却什么也不做，于是成功的果实，他们只能远远地看着，或许可以在梦里获得。

失败对于前者而言，是一种经验，对于后者而言则是致命的打击，他们根本没有从中学到些什么，就这样两手空空，自甘堕落，心甘情愿地让梦想被彻底击破。

其实，失败并不可怕，因为失败就是成功之母。在这条人生路上，我们每个人都有可能成功，但同样不可避免地都要接受失败，但怕就怕，失败以后就再也不肯爬起，怕就怕，将失败当成一种习惯，不能从中吸取应有的教训。因为，不能吸取教训，也就意味着下次还有可能会犯同样的错误，也就意味着还有可能因为同样的原因而失败，这未免太过愚蠢了！

曾看过这样一个寓言故事，说的就是这类不知吸取教训的蠢人：

据说，有个猎人捕获了一只九头鸟。九头鸟是智慧的象征，只听它对猎人说：“你放了我，我给你三个忠告，保证你受用一生。”

猎人想了想，害怕上当，便说：“你先告诉我，我保证一定放了你。”

九头鸟说：“好吧。第一条忠告是，自己做过的事情，不要去后悔；第二条忠告是，如果有人对你说什么，而你认为是不正确的，就不要去相信；第三条忠告是，能有多大劲儿，就使多大力，当某个高度你爬不上去时，就不要再费力去爬。”

猎人听后，遵守承诺，放了九头鸟。

谁知，九头鸟在重获自由以后，马上飞到了一棵参天大树之上，随即嘲笑猎人道：“你可真是个蠢货，你知不知道，我口中含着一颗价值连城的硕大宝石，正是这颗宝石让我充满智慧。”

猎人后悔不已，他很想再次抓住九头鸟，取下宝石，可是它的落点太高，弓弩的射程达不到。于是，猎人匆匆跑到树前，抱着树干开始向上攀爬。爬到一半时，由于力不能续，他掉了下来，并摔断了双腿。

九头鸟看到这种情形，笑得更大声了，它继续嘲笑道：“蠢货，我对你的忠告这么快就忘了？我告诉过你，自己做的事情不要后悔，可是你这么快就后悔了；我告诉过你，别人说的话你认为不正确就不要相信，可你竟然相信我这么袖珍的口中会藏有一颗硕大的宝石；我告诉过你，当某一高度你爬不上去时，就不要勉强去爬，可你自不量力，还摔断了双腿，你说你有多么愚蠢？看在你如此可怜的份上，我再送你一句箴言——对于聪明人而言，一次教训比傻瓜受一百次鞭策还深刻。”说完，九头鸟扇动翅膀，向着天际飞去，只留下猎人目瞪口呆地坐在那里。

这则故事称得上寓意深刻。其实在人生中，常会有人对我们提出忠告，这忠告多是从以往的经验教训中总结出来的，目的就是为了使我们避免重蹈覆辙。所以，对此我们要引起足够的重视，不要在得到提醒的情况下还做蠢事。

诚然，每个人的失败经历都不尽相同，很多错误是具有普遍性的，而且破坏力也较强，会发生在别人身上，也同样会发生在你身上。所以在看到别人犯错的同时，请多想想自己。

头脑清醒的人都知道，若不能吸取教训，便无法改正错误，出人头地更无从谈起。因此，当别人对你提出善意的批评时，不要因此而感到愤怒，应该懂得去接受、去吸取。正如诗人惠特曼所说的那样——“你以为只能向喜欢你、仰慕你、赞同你的人学习吗？从反对你的人、批评你的人那儿，不是可以得到更多的教训吗？”

任何人都不可避免地要犯错误，正所谓“人非圣贤，孰能无过”。不同的是，智者能够从别人的错误、自己的失败中，吸取相应的经验与教训，为防止下一次跌倒做好准备；而愚者则并非如此，他们对于别人的忠告甚为反感，对于自己的错误视而不见，于是仍然重复着相同的错误。古人说“吃一堑，长一智”，可他们却是“吃一百个豆不嫌腥”，难不成真的是因为智商太低?

一只狐狸无法用同一个陷阱捉它两次；驴子也不会在同样的地方再次摔倒；人没有喝醉，怎么可能两次走进同一条死胡同?或许，世上只有傻瓜才会第二次跌进同一个池塘。

在西方有句谚语：“不要为打翻的牛奶哭泣！”说得很有道理。你想，牛奶既然已经被打翻，就算哭得昏天黑地又有何用?牛奶再也不会回到杯中。但是，倘若因为今天打翻了一杯牛奶，我们就能够从中吸取教训，从此以后谨慎小心，保证自己不犯类似的错误，那么即使打翻的是一杯特供牛奶，也值！

人生路上多崎岖，我们不能保证自己永不跌倒，但应该保证自己不在同一个地方跌倒两次。

抛弃坚忍，勿谈成功

“事业常成于坚忍，毁于急躁。”没有坚忍的个性，就不要妄谈成功。一个人能否品尝到胜利的果实，就在于目标确立以后，他能否百折不挠地去坚持、去忍耐，直至成功为止。

陈毅元帅在一首诗中写道：“因知天地宽，何处无风云；因知山水远，到处有不平。”陈毅元帅一生征战沙场，鲜有匹敌之人，但在他这样的开国元勋看来，挫折仍是不可避免的，更何况我们？

其实，人生中，遭遇些许失意、受到一点儿委屈，实属平常之事，即便是君临天下的古代帝王，也不可能要风得风、要雨得雨。既然挫折无可避免，那么，我们当下要考虑的应是如何应对，以求化不利为有利。

正所谓“自古雄才多磨难”，但看那些立下万世之功的大人物，有哪一个不曾接受挫折洗礼！他们是如何应对挫折的呢？

坚忍！这是成大事者共有的品性，因为他们深知“唯有埋头，乃能出头”，虽说这忍字头上一把刀，但只要你能有足够的毅力忍下去，有朝一日便能挥舞利刃披荆斩棘。

坚忍的力量源自内心深处，是迫于形势的自我锤炼，坚忍或许会令我们备受煎熬，但同时又能燃起我们内心的熊熊火焰，于是生命不止，火焰不熄，不断在燃烧中积蓄力量，只要机遇来临，便乘势而起，一发不可收拾。

不知大家可曾听说过，在四川省境内有一种颇为奇特的植物，它的名字叫毛竹。毛竹的生长过程甚至被植物学家称之为“自然界的一大奇观”。

这是为何？因为毛竹落地生根后，前五年根本不见丝毫生长，待到第六年雨季来临，它却突然像发了疯一样，以每天6英尺[①]的速度蹿起来，仅半个月左右，便可达到90英尺左右的高度，瞬息间便可睥睨竹林！不过，它的奇特之处不止于此，更怪异的是，在毛竹生长的这段时间，它周围方圆十米的植物，竟会自动停止生长，这种状况一直要持续到毛竹的生长期结束以后。

植物学家经过深入研究，终于揭开了这一现象的谜底。原来，最初的五年，毛竹并不是没有生长，而是默默地向地下生根。经过五年的“苦心经营”，这些看似不起眼的幼竹，其根茎已经扎入地下五米之深，其方圆十米的范围亦成了它们各自的领地。毛竹在为自己打基础的同时，进一步剥夺了其他植物根茎发展的空间。待到第六年雨季来临之时，毛竹便以近乎资源垄断的方式急速生长，而它周围的植物只能“寄人篱下”，不得不忍受。

你佩服不佩服？毛竹的智慧简直可以令很多人为之汗颜！我们是不是应该从中学到些什么？正所谓“物竞天择，适者生存”，我们生存的时代没有腥风血雨的厮杀，却有暗流涌动的竞争，谁不想在竞争中被淘汰，就必须要不断地磨砺自己，使

① 1英尺=0.3048米。

自己变得更加强大。

想想那大闹天宫的孙悟空，若不是在老君的八卦炉中一番苦炼，又怎会炼得火眼金睛？忍耐对于有志向的人而言，绝不是消极地逆来顺受，而是一种力量的积蓄，是对胜利矢志不移的渴望。楚庄王能够三年不鸣，隐忍不发，志就在一鸣惊人；越王勾践十载卧薪尝胆、含屈受辱，为的就是有朝一日挥兵灭吴，一雪前耻！

史料记载，周敬王二十四年，吴王阖闾率大军征讨越国，越王勾践领兵迎战，大败吴军。阖闾受伤，在返吴途中，伤重恶化，一命呜呼。从此，吴越两国结下了不解之仇。

为报父仇，新任吴王夫差励精图治，经过三余载准备，遣伍子胥、伯嚭，统军 30 万，直逼越国而来。

越王勾践轻敌冒进，兵败会稽山，性命危在旦夕。幸得文种、范蠡施计，以重金、美人贿赂吴太宰伯嚭，使其屡向夫差进谗言，才得以保全性命。

随后，为图日后复国，勾践夫妇顺夫差之意，携范蠡入吴国为人质。入吴后，勾践将所带金银珠宝全部孝敬给夫差及吴国众大臣，自己则迁入石屋居住，以糠皮野菜为食，以粗布麻衣蔽体，每日辛勤劳作，打柴、洗衣、养猪，与奴隶毫无二致，却从不口吐怨言。

每隔一段时日，多疑的夫差都会亲自前来巡视，却每每看到勾践一副卑躬屈膝的奴才相，不禁虚荣心爆满，顾忌心大减，认为此时的勾践已被折磨得斗志全失，不需谨慎提防。

然而，勾践在受困于吴的两年多里却并未消停，他一直忍辱负重，又遣人不断贿赂伯嚭。伯嚭拿人手短自然不断地在夫差面前为勾践讲情。久而久之，夫差经不住劝诱，也萌生了释放之心，但屡屡被深谋远虑的伍子胥挡回去。

某日，勾践得知夫差患病，便入见伯嚭请求探望，伯嚭奏请夫差，获准。勾践来到夫差榻前，尚未说话，先伏地而跪，口中说道："闻大王贵体微恙，小臣心中不胜焦虑，故特奏请前来探望。臣略通医术，可为大王诊病，望能得大王允许，以表效忠之心。"

恰在此时，夫差要出恭，勾践一干人等便退出屋外。返回时，勾践竟自顾拿起夫差的粪便，送入口中品尝，而后伏地称贺："大王病体即将痊愈！臣尝大王粪便乃是苦味，这是病情好转的征兆。"

夫差眼见勾践昔日一方诸侯竟如此待己，感动得一塌糊涂，当即表示，病好后即送勾践回越。

勾践得偿所愿回国以后，一方面送出西施等美女迷惑夫差，一方面休养生息，励精图治。他睡觉时必卧柴薪，吃饭时必先尝苦胆，意在告诫自己时刻不要忘记在吴国之耻。他率众大臣亲自耕作，王后则带领宫女亲自纺纱织布。受此激励，越国上下万众一心，元气迅速恢复。十年后，勾践终于重振雄风大败夫差，一并了结了前愁旧恨。

虽然勾践叱咤风云的年代已经离我们非常久远，但他那种坚忍不拔的精神时至今日依然广为世人称颂。或许勾践的霸气不如夫差，但他那种善于在忍耐中积蓄力量的特质，却是夫差所不能比的。

"坚忍"是极具深意的两个字，"坚"可理解为锐意进取，挺而不弱；"忍"可理解为持之以恒、能屈能伸、不计屈辱。这俨然是成大事的智慧。试想，倘若勾践没有坚忍之心，他能否挺过那饱受屈辱的三年？若如此，必然性命堪忧，又何谈东山再起？

曾在《王竹语读书笔记》中看到这样一段话：“忍耐痛苦比寻死更需要勇气。在绝望中多坚持一下，终必带来喜悦。上帝不会给你不能承受的痛苦，所有的苦都可以忍。”是的，所有的苦都可以忍！人谁无困境之时，只要常怀坚忍之心，不忘在忍耐中积蓄力量，必能挺过难关，徐图东山再起！且不论是示敌以弱，还是韬光养晦，这都是行走人世所不可或缺的大智慧。

只是很多人，每每遭遇挫折打击便心灰意冷，轻而易举地将目标放弃。是的，在遭逢人生变故以后，最简单、最省力的方法就是放手不干，大多数人都是这样想的，也是这样做的。只是，倘若这目标不切实际也罢，毕竟我们不能一条路走到黑；倘若这目标并无差池，只是因为你的懦弱而轻易放弃，扪心自问，你是否对得起你自己？

要知道，成功者之所以能够成功，依靠的不是纯粹的运气，而是他们坚忍不拔的精神与矢志不移的努力。坚忍的性格永远是欲成大事者必备的基本特质，天下没有免费的午餐，磨难总要靠坚忍去征服，这是古往今来最基本的成功法则。

以卑微博同情，有什么用

是人便有失意之时，但意可失自尊绝不可失！是以卑微博同情还是做自食其力、人见人敬的英雄，相信你的心中会有一杆秤。

一位哲人曾经说过："既然你降临到这个世界上，就得像大海承受雨水一样，勇敢地去承受人间的困苦和挫折，任何惧怕和逃避，都是无济于事的。"人生本无常，或许此时你正风生水起，下一刻便突然暴风骤雨。对此，我们必须做好充分的思想准备，切不能被突如其来的变故所击溃。即便事实再残酷，我们也要微微一笑，坦然面对，权当是天将降大任前的磨砺。前苏联文学家奥斯特洛夫斯基说得好："人的生命似洪水在奔腾，不遇岛屿和暗礁，难以激发起美丽的浪花。"纵观沧桑人世，无论是历史画卷，还是当代奋斗史，无不充斥着搏击沧海横流的壮美诗篇。据说，曾有人专门比对过国外 293 位知名人士的传记，竟发现其中有 127 人曾遭遇过人生的重大挫折，而他们的奋斗史几乎都是相同的模式——"跌倒在地—知耻后勇—收获成功"，这俨然正印证了那句话——"自古雄才多磨难"。

只是有些人，似乎天生就是孬种，别人在跌倒以后，拍拍灰尘，振作精神，吸取教训，继续前行，而他们则索性倒地不起。

这种人可能很自卑，他们总感觉自己不如别人，于是习惯性地妄自菲薄，然而越是如此，他们就变得越加懦弱。他们因此丢失了生活的乐趣，常被烦恼、忧愁、失落、焦虑所挟持；无论对待工作和生活，他们都缺乏起码的激情；他们万念俱灰，毫无斗志，跟行尸走肉没有什么区别。这种状态下，他们一旦遭遇些许挫折，便会如天要塌下来一般，躺在那里似在等死。他们似乎觉得，反正没有人看得起自己，破罐子破摔又如何？殊不知，人越是这样，就越会受到鄙夷。一个人若是不想被践踏，唯一的途径就是以最快的速度爬起来。

这种人不是不能爬起来，而是习惯性地好吃懒做，总想以抱怨求得认同、以卑微博取同情，让别人来接济自己的人生。可想而知，他们的人生是何其不堪，任谁也不会对他们高看一眼。

曾听过这样一个故事，不知道你读过以后会作何感想。

布莱恩特很成功，他从底层职员做起，一步一个脚印，一点一滴地积累，到了不惑之年，他便拥有了自己的公司，过着富足且受人尊敬的生活。

那一天，布莱恩特走出办公大楼，正当他准备穿过马路时，身后突然传来“嗒……嗒……嗒”的声音，很显然，那是盲人在用竹竿敲打地面探路。

布莱恩特愣了片刻，接着，他缓缓转过身来。

盲人觉察到前方有人，似乎突然矮了几厘米，蜷着身子上前哀求道：“尊敬的先生，您一定看得出我是个可怜的盲人吧？你能不能赏赐这个可怜人一点儿时间呢？”

布莱恩特答应了他的请求，“不过，我还有事在身，你若有什么要求，请尽快说吧。”他说。

片刻之后，盲人从污迹斑斑的背包中掏出一枚打火机，摸索着塞到布莱恩特手中，接着说道：“尊敬的先生，这可是个很不错的打火机，但是我只卖 2 美元。”

布莱恩特叹了口气，似乎想说什么，转而又止住了。只见他掏出一张钞票递给盲人，说道：“虽然我并不抽烟，但我很愿意帮助你，我可以把它作为礼物送给下属。”

盲人感恩戴德地接过钞票，用手一摸，发现那竟然是张百元美钞，他似乎又矮了几厘米：“仁慈的先生啊，您是我见过最慷慨的人，我将终生为您祈祷！愿上帝保佑您一生平安！”

布莱恩特笑了笑，他不想在这里听赞歌，转身准备离开。可是，盲人突然拉住他的衣角，口中喋喋不休道：“先生您知道吗？我并非天生失明，之所以落到这步田地，都是拜 15 年前迈阿密的那次事故所赐！”

布莱恩特浑身一颤，问道：“你是说那次化工厂爆炸事故？”

盲人见布莱恩特似乎很感兴趣，说得越发起劲儿：“是啊，就是那一次，那可是次大事故，死伤好多人呢！”他似乎想用自己的遭遇博得布莱恩特的同情，以换来更多的施舍，于是声音突然变得哀怨起来：“您不知道我有多么可怜，失明以后无依无靠，饥一顿饱一顿地活着，也许死在某个角落里都没人收尸。”

盲人越说越激动：“其实我本不该这样的，当时我已经冲到了门口，可身后有个大个子突然将我推倒，口中喊着‘让我先出去，我不想死！’而且，他竟然是踩着我的身子跑出去的！随后，我就不省人事，待到我从医院中醒来，就已经变成了这个样子！哎！人性真是太丑陋了！”

谁知，布莱恩特听完以后，口气突然转冷：“勒布朗，据我所知事情并不是这样，你将它说反了！”

盲人亦是浑身一颤，半晌说不出一句话来。布莱恩特缓缓地说：“当时，我也在迈阿密化工厂工作，而你，就是那个从我身上踏过去的大个子，因为，你的那句话，我这一生也忘不了！”

盲人怔立良久，突然一把抓住布莱恩特，发出变调的笑声：“命运是多么的不公平！你在我身后，却安然无恙，如今又能出人头地，我虽然跑了出来，如今却成了个一无是处的瞎子！这灾难原本是属于你的，是我替你挡了灾，你该怎么补偿我？！”

布莱恩特十分厌烦地推开盲人，举起手中精致的棕榈手杖，一字一句地说道：“勒布朗，你知道吗？我也是个瞎子，你觉得自己可怜，但我相信我命由我不由天！”

同样的遭遇，有人沦落到以谎言博同情、靠施舍求生存，有人却能自食其力博得名誉和地位，这难道真是命运的安排？恐怕只有没志气的人才会这样认为！而你，是愿意做布莱恩特那样的“英雄”，还是盲人那样的“小丑”呢？认真去选择吧！

挫折算得了什么？常言道“吃得苦中苦，方为人上人”，人生不怕苦难来袭，因为这不过是一种磨砺。怕就怕我们胆小如鼠，些许挫折就将斗志熄灭，些许磨难就将信心淹没，从此困顿萎靡，一蹶不振。

逆境之中，倘若我们一味抱怨命运，认为自己就是最不幸的那个，蜷缩在地，自怨自艾，那么，或许真的就会人见人踹、猪见猪拱，余生再也别想得到别人的尊重。想要战胜命运，活出个人样，你首先要以一种客观、平和的心态去看待人生，不要一直盯着阴霾，因为越是如此，你就会变得越发软弱无能。你应该这样：用自己的能力，用自己的信心证明给别人看——我可以继续开创美丽的人生！若非如此，若是依旧胆小如鼠、弱不禁风、萎靡不振、倒地不起，那么，永远也别指望别人高看你！

第八章

置身于社交，不做孤独的自己

社交好比一座不可估价的矿藏，拥有这座矿藏，你便等于拥有了取之不尽、用之不竭的财富。聪明人认识到这一点，所以聪明人成功了；愚蠢的人认识不到这一点，所以他们离成功总是有些遥远。有些人一辈子认识不到这一点，于是，一辈子不见有什么起色。

在最恰当的时机，做最果断的决定

俗语有云：“一枝独秀不是春，一树独矗不成林。”想要获取成功，单靠自己，太单薄；光靠别人，太无能。有识之士往往都是在最恰当的时机，借助别人的一臂之力，完成自己的梦想。

人是群居性动物，这一点毫无疑问，所以人们需要以互助求生存，以合作求发展。事实上，根本没有人可以离群索居，彻底摆脱对别人的需要。因为若是这样，可以说连基本的衣食住行问题都无法解决。

同样，在复杂的大环境下，一个人若想单凭一己之力，做出一番大事业，成为真正的强悍之人，显然是痴人说梦。毕竟，双拳难敌四手，好虎架不住群狼！就像俗语所说的那样：“一个篱笆三个桩，一个好汉三个帮。”而篱落之下独木焉能成林？你力可拔山也好，气吞山河也罢，若无人扶持，终究不会有什么大作为。试看古今中外，有哪一个人能单凭一己之力叱咤风云呢？

且看楚汉争霸：刘邦若不是得遇运筹帷幄之中、决胜千里之外的张良，镇国家、扶百姓、给馈饷、不绝粮道的萧何，率百万之众、战必胜、攻必克的韩信，岂能大杀四方？而项羽有一范增却不能用，终究饮恨乌江。

且看三国诸雄：刘备桃园得关张、茅庐拜诸葛、以德感子龙，又收马超、魏延、黄忠、严颜、王平等一班猛将；曹操更不必说，求才若渴，帐下能人如云，文有郭嘉、程昱、荀攸、贾诩、许攸，武有张郃、张辽、夏侯渊、夏侯惇、许褚、徐晃、曹仁之类等；再看孙权，麾下能人虽然不及刘、曹二人，但亦有周瑜、鲁肃、陆逊、吕蒙、黄盖、太史慈、凌统等人辅佐。因此，这三人能在乱战之中由小变大、由弱变强，形成三足鼎立之势。反观，那“四世三公”、兵强马壮的袁绍，有上将而不能用，气得子龙转投刘备；有谋臣而不能听，致使田丰、沮授、许攸死的死、走的走，终落得个含恨而终。

且看八百里水泊：宋公明不过一介文弱书生，但凡大事临头往往惊惶无措。若不是智多星、入云龙稳坐帐中，若不是一百单七位兄弟的“哥哥休要惊慌”作为支撑，他怎能叱咤一方？

且看西天取经：唐三藏手不能提，若没有齐天大圣一路降妖伏魔、八戒和沙僧鞍前马后、白龙为坐骑，他又岂能安抵天竺，取得真经？

这一切，俨然为我们讲述了一个不争的事实，即，一个人的本领再高，也不过是区区之力，独木终究无法称雄。只有懂得合作之道、懂得借别人之力以为己用，才能够如虎添翼，使自己的力量变得更强大。

在香港商业界有这样一段佳话，不知大家可否知道：

20 世纪 50 年代末，在香港商界驰骋着“三剑侠”，他们分别是地产巨子郭德胜、证券大王冯景禧、华资探花李兆基。“三剑侠”中的老大郭德胜，在当时已近天命之年，他是“鸿昌进出口有限公司”的掌门人，其旗下企业年营业额在 1000 万港元左右。倘若以此为本，郭德胜倒也可以安居乐业，颐养天年。不过“老骥伏枥，志在千里”。郭德胜并不甘心就此罢手，他打起了进军房地产领域的主意。可是，这是个大投资，需要调动的资金数量惊人，此时的郭德胜明显实力不足，而且他也希望招揽一些有实力的年轻人来冲锋陷阵，于是，郭德胜找来了好友冯景禧和李兆基，共议大事。

冯景禧称得上白手起家，个人意志力极强，而且在1950年便已与人合伙购买土地官契，进入房地产领域，到冯德胜找他合作的1958年，他已经积累了不少经验，可以称得上是一位行家里手。

李兆基在“三剑侠”中年纪最轻，他七八岁时就常到父亲的铺头吃饭，自小对生意已耳濡目染。他反应敏捷，足智多谋，亦对香港的实业进行过多方面考察，也认为进军地产业是最佳选择。

于是，三人一拍即合，本着“同心协力，进军地产，你发我发，大家都发”的宗旨，合力创办了“永业企业公司”，即香港新鸿基企业有限公司的前身。“永业企业公司”以“三剑侠”为核心，另招揽5位股东合作，他们的第一笔买卖——买入沙田酒店，便表现出了不同凡响的志向。这“三剑侠”中，郭德胜经验老到、冯景禧财务精通、李兆基有胆有谋，三人联手各施所长，可以说是珠联璧合，如虎添翼。结果，这三位后来都位列香港十大富豪之中，他们的故事被誉为中国现代经济史上的一段佳话。

其实从古至今，有识之士就一直在强调人际关系的重要性。儒家代表人物之一孟子老先生早在千年前就指出了成功的关键三因素——天时、地利、人和，三者的关系则是——天时不如地利，地利不如人和，这“人”若是能和，便可惊天动地，足见其能量是何其大!

只不过,总有那么一些人自命清高,抱着所谓的“高傲”不放,自己落单却又看不惯别人结帮拉伙，这些人绝对做不到真正的强悍!

清高的人很可能没有朋友，在需要借力的时候，没有人向上推你，在受困之时没有人拉你。这样的你，即便豪气冲天、能力不凡，至多也只是一只折翼青鸟，根本飞不到成功的彼岸。

羡慕他人，显然是你不如人，你羡慕他人的前呼后拥、高朋满座，为何不将自己打造成吸引人脉的磁石？反而是在那里虚伪地唱着“单身情歌”，在那所谓的“曲高和寡”中夹杂着无限的自怜自艾，戴着自欺欺人的面具过着可悲可叹的生活。

或许还有这样一种人，他们总是说：“不管别人怎样，我没有什么远大理想，只求做我自己。”这现实吗？显然不！除非你能“跳出三界外，不在五行中”，否则只要你活在这尘世一天，就不可能完全避免与人交集，不可能完全不考虑别人对你的态度。

说了这么多，只是想告诉大家，人不可能独立存活在这个世界上，更不可能完全依靠一己之力攀上巅峰。前进的路上我们需要与人结伴同行，这不是要你去溜须拍马、刻意逢迎，只是希望你能够令有用的资源发挥出它最大的效用。

你是个主动联系别人的人吗

会做人的人总是能够未雨绸缪，从不放过与亲友联络感情的机会，无形中便为自己铺下了很多条路。而那些临时抱佛脚的人，往往都是铩羽而归。

常听人说“距离产生美”，此话并不十分妥帖。诚然，人与人之间是要有些距离，老是腻在一起，或许会日久生厌，于是人世间便有了“小别胜新婚”一说。但是，这距离必须要有个限度，若是两地分隔，老死不相往来，距离是有了，可还有美吗？

经营人际关系也是如此。你不能把谁都当成知己，知无不言，言无不尽，将自己的弱点、秘密和盘托出，以显示彼此的亲密无间，这样很容易被人“一剑封喉”。但是，你也不能做“独行侠”，独来独往我行我素，不予人片语只言，因为人际关系不能晾，晾得越久便越显生疏，越生疏便越不堪用，原来的圈子便等于被你废弃了。

正所谓“亲不走不亲”，时间与空间上的距离久而久之足以令一切情感失色，何况是没有血亲的人际关系！

偏偏生活中就有这样一些人，他们平时想不起人家，甚至连个电话都懒得打，可一旦有事求助，又开始大献殷勤。结果可想而知，多半是灰头土脸，无功而返。老百姓对这种行为嗤之以鼻，斥曰："平时不烧香，临时抱佛脚。""佛"虽然乐善好施，但也是有针对性地施予，对于自己的"信徒"，他当然毫不吝啬，可是你平时对"佛"理都不理，事到临头才烧几炷香表示一下，"佛"就这样轻易答应你，岂不是很没面子？更何况，他的"信徒"会怎么想？再进一步说，倘若如此简单，那大家都不用信"佛"了，临时抱一下佛脚，不就万事大吉了吗？

中国有句俗话："礼多人不怪。"在人际交往中，这个"礼"绝不可少，没有起码的礼尚往来，完全不能说你已经握住了这支人脉，充其量也只能说"认识"罢了。少了基本的联系和沟通，即便原本不错的关系，也可能越变越冷，乃至最后"相见两无言"，象征性地颔首而过。这完全与我们"以人为本"的宗旨背道而驰。

说一千道一万，其实就是想告诉大家，做人不要太孤傲，也不要太现实。人与人之间的关系，需要时不时地联络一下，不然这条通道很可能会堵塞。就拿亲戚来说，就算是拐弯抹角地沾亲带故，说起话来也要比一般人方便一些。但是，亲戚也不是随传随到的，没事不走动，有事再登门，就是亲戚也会觉得你这人太市侩，因而办事的成效往往会大打折扣。在这方面，有位哥们的做法很值得我们借鉴，大家一起去看一下：

30 出头的刘宏伟能力很强，做过几年小生意，攒了一点儿家底。他还是个有志向的人，不希望一直这样小打小闹下去，恰巧村里有片林地要对外承包，他有心拿下这个项目，在山上放养一些牲畜、家禽，每个季节再采集一些山货，如蕨菜、蘑菇、榛子、松子、药材之类，想来也是一笔不小的收入。只是，他现在的手头资金有限，心有余而力不足啊。

刘宏伟思前想后，突然记起自己有一个远房亲戚，是父亲的表弟，也就是他的表叔。这位表叔在市里做建材生意，效益不错，是市里有名的“大款”。这位表叔倒是有能力资助他一下，只是长时间不往来，日久生疏，贸然前去，似乎显得自己太唯利是图了，事肯定办不成。

该怎么办呢？刘宏伟决定先把关系搞好。他通过亲戚得知表叔近来身体不太好，他决定趁此机会去看望一下表示关心。

“表叔，前段日子太忙，一直没抽出时间看您。您怎么病了呢？身体是革命的本钱，咱们还是要以身体为重。我今天带了点儿营养品，不值几个钱，就是一片心意，希望您能早日康复。”刘宏伟说着将礼物放到了客桌上。

虽说两家好久未曾走动，刘宏伟的到来让表叔多少有些意外，但凡病人都希望有人来亲近自己，这位表叔也不例外，心里是分外地高兴：“宏伟啊，你今天能来，表叔就很高兴了，还带什么东西？今天中午咱爷俩喝两杯。”

自此以后，两家的关系逐渐亲近起来，刘宏伟更是时不时地就往表叔家里跑，表叔也对他视如己出。刘宏伟觉得时机差不多成熟了，这天借着酒劲儿，便开始跟表叔套话：“表叔啊，您老对我真是太好了，我都不知道何以为报。”

“孩子，别说外道话，咱们是什么？亲戚啊！打折骨头连着筋呢！我是你的长辈，应该多照顾你，以后有什么困难尽管开口，表叔多多少少也是能办点儿事的。”

刘宏伟见机不可失，故作感激万分状，将自己欲承包林地的事说了出来。

“不错啊。年轻人就该有志向，有魄力，表叔大力支持，不过你也要慎重一些，稳中求进。”

刘宏伟连连点头称是，接着便将自己资金不足的尴尬说了出来，表叔二话没说，当即借给了他十万元钱。

什么叫会来事？看看刘宏伟你就知道了。亲戚也有贫富远近之分，倘若平时不来往，贸然地去求人，成功的希望极其渺小。但倘若抛砖引玉、投石问路，先设法增进彼此的感情，待该出手时再出手，结果就大不一样了。

其实，其他关系诸如朋友、同学、战友也是一样，不走不亲。人际交往，讲究的就是个“往”，有来有往、礼尚往来，这是国人很注重的事情。只有经常性地走动、沟通，才能深化感情，将人团结在自己周围。

在现实生活中，不乏这种局面：朋友甲经常性地照顾乙，而乙一直毫无表示，不冷不热，不咸不淡，并不做出应有的回应。久而久之，甲必然心生嫌隙，认为乙不通人情世故，对于自己缺乏起码的诚意，于是便懒得再管对方的“破事”。相反，倘若乙会来事一点儿，不说涌泉相报，就是常去甲那里走动走动，帮他做一些力所能及的事情，甲也会非常高兴，因为他的付出得到了回应，因此，他会一如既往地帮衬下去。

事实上，就算是父母至亲，在为你付出以后，也希望听到一句感激的话，这对于他们而言是一种心理补偿。若是你只看重“来”而忽视“往”，那么，时间长了，真的有可能会落入“众叛亲离”的境地。

正所谓“来而不往非礼也”，关键就在这个“往”字，“有来有往”，你才能够在关键时刻得到亲友的鼎力相助。所以，千万不要忽略这一点，于情、于理我们都应该通晓这点儿人情世故。

让自己变得有人情味

生活中有许多人抱着“有事有人，无事无人”的态度，把朋友当作受伤后的拐杖，复原后就扔掉。此类人大多会被抛弃，没人愿意再给他帮忙；他去施恩，大概也没人愿意领他的情。

某君讲起过这样一个朋友，是很好的例子：“我有一个高中同学，而且是十分要好的朋友。我们进入了同一所大学，刚开学，她就主动要求当了班级干部。有人说：地位高了，人就会变。自从她上任后，见到我，有时干脆装作没看见，日子久了，我们就疏远了。但她有时也会突然向我寻求帮助，出于朋友一场，我总是尽心尽力地帮忙。可事后，她老毛病又犯了，我有种被利用的感觉，不想帮她，却无奈于心太软。她大事小事都找我，其他朋友劝我放弃这份友情，说这种人不值得交。当我下决心与她分开时，她伤心地流下泪，她除了我竟没有一个朋友。”

一个没有人情味的人，是永远处理不好与别人的关系的。比如说，给人帮助不能过于“挑明”，以免伤人自尊；施恩于人不可一次过多，否则会成为对方的负担，双方再难维持关系。没有人情味的人只会用“互相利用，互相抛弃，彼此心照不宣”来推挡，而不去深思人情世故的奥秘之处，所以无法达到对人情操纵自如的境界。

要让人觉得有人情味，应注意以下几点：

1. 与朋友多待在一起，最好是“泡苦水”

人们在一起共事时，大家同舟共济，共同的命运把彼此联结在了一起，只要采取合作态度，互相支持、互相帮助、互相关照，是最容易产生情感认同的。特别是在困难环境中，彼此相依为命、共渡难关，可能终生难忘，交情将变得更为牢固。比如，当年不少知识青年从城里到乡下插队，几年中大家一个锅里吃、一个炕上睡，哪一个人受了欺负，大家一起为他鸣不平，如此心心相印的言行，必然转化为深厚的感情，铭刻在各自的记忆中，不管日后分散天南海北，做了什么工作，谁也不会忘记这段交情。

共事时间长固然可以形成深厚的交情，有时相处时间并不长，但只要同心协力、相互支持、彼此关照，也能引起对方的好感，同样可以建立难忘的交情。有这样两个军人，一个在司令部当参谋，另一个在政治部当干事，平时并没有什么交往。有一次部队拉练，他们两人作为工作组成员被分到了一个连队。部队每天走百里路，行军路上，他们互通情况，一起收集材料，一起帮助连队组织好行军；为解除战士行军的疲劳，他们轮流作宣传鼓动；脚上打了泡，每到一地，互相帮助对方挑泡；买了吃的一起分享。就这样，行程千里，圆满完成任务，两个人也结下了深厚的交情。20 年后，当了部长的参谋到外地开会，还专门绕道到某陆军学院去看当年拉练中的战友。两人见面，忆起当年一起行军，分吃一只苹果，一起追野兔子的情形，不消说多么高兴。这样，10 天的交情，记了一辈子。

2. 培养与朋友的共同兴趣，以达到“趣味相投”的高度

有时候因为共同的爱好、兴趣，也可能成为彼此交情的纽带。比如，都爱下棋，在路边棋场相识，相互成了棋友；都爱垂钓，在湖边相遇成了钓友……这样共同的东西把彼此召唤到一起，在共同切磋中，便结下了友情。某军校外面有一条清幽的小路，早晨常有人到这里跑步锻炼。一位姓王的教员和一位姓高的教员，每天跑步之后在这里相遇，然后一起散步，边走边聊天，由一般的寒暄到互相了解。两个人都爱好写作，少不了交流体会看法，虽然只是一种信息和思想观点的交流，但依然有很强的吸引力，都觉得受益匪浅。时间长了，他们的共同语言越来越多，形成了习惯，不管春夏秋冬，不约而同准时到这里会合。后来，老王调到北京还经常打电话来问候老高，二人一直保持着密切的联系。

3. 杜绝“一次性交际”的心态及行为

毋庸置疑，在某些“实用型”人物的眼中，所谓的“人情”便是你送我一包烟，我给你几块钱，就像借债还钱，概不赊欠。这种一次性的交际行为看似洒脱，实则也是人情寡淡的表现。受助者也许在短时间内不愿再次开口求助，而实施援助行为的一方其实也没有必要固守“事不过三”的古训，当人家确实有困难而无能为力的时候，尽管你已经帮助过他，尽管他不好意思向你开口，但作为知情者，你不应无动于衷，不妨再次主动伸出援助之手。事实上这种“积极主动”的交际行为能够赢得更大的“人情效应”，即使受助者一时无力给你回报，你的行为风范，你的崇高秉性，已被更多的人所知晓。

结交朋友要做到优势互补

在美国的硅谷，流传着这样一个“规则”：有两个MBA和MIT博士组成的创业团队可以说是获得风险投资人青睐的最好保证。这也许只是个捕风捉影的故事，但里面却蕴含着这样一个道理：生意合作一定要注意人才搭配，注重优势互补。

这一点在我们结交朋友时也需要注意，我们不仅要结交那些“志同道合”的朋友，还要结交一些优势互补的朋友，这样才能使我们的人生更加丰富和谐。这里的优势互补既是指性格，也指才能和行业。它是我们交友的一个重要原则。

人们交朋友一般都喜欢找那些性情、志趣比较相近的人，但其实这样的交往是比较狭隘的，对自己的帮助也很有限，如果你能从互补的角度出发，选择那些在自己有所欠缺的方面有专长的人来发展关系，那么就会使你在做事时能够取人之长、补己之短，从而做出更大的事业，形成“立体交叉”效应。

这里所说的“立体交叉”，可以从不同的角度去理解：从道德的角度来讲，就是不仅与那些比自己德高的人交往，也要适当与那些比较后进的人交往；从性格的角度上说，就是不仅与那些性格、意趣相近者交往，还要适当与那些性格迥异、意趣不同者交际；从专业知识的深广度来说，就是不只限于和那些同一文化层次、同一专业行当的人交往，还应发展与那些不同文化层次、不同专业行当的人的交往。这样通过与各种不同类型的各种人物交往，尤其是那些与自己互补类型的人物交往，你就可以获得大量的情报信息，并在各个方面对自己的事业形成帮助。

有一位著名的企业家，在为自己挑选助手时，就很喜欢选择那些个性与自己完全相反的人。例如他自己常常横冲直撞，不顾小节，于是他就挑选一个深谋远虑，但是不肯轻易行动的助手；他自己是一个刚毅果敢的实干家，他的助手则是一位博学多才的理论家；他给人的印象是温和愉快，他的助手给人的印象却是冷酷沉静；他的发言流利、圆滑，并夹杂着些许幽默，他的助手发言却是坚实犀利。

正因为他们的个性和才学互不相同，所以合作起来才能取长补短，产生惊人的力量，不仅使企业避免了许多错误决策，而且使企业的业绩扶摇直上。这位企业家深知这一点，所以经常对他这位助手说："我此生能够遇到你这样的人才，觉得十分荣幸。因为只有你能够帮助我完成许多我无能为力的事。"

可以看出，社会中有各种不同类型的人，比如行动型、开拓型、保守型、外向型、内向型等等，而每个人又有各自独特的、他人无法替代的优势和长处，以及各自的弱点和短处。只有将每个人的优势和长处根据自己做事的实际需要合理地搭配起来，构成有机的整体，实现优势互补，才能发挥出最佳的整体组合效应。要想做到这一点，你就必须注意多结交一些与自己优势互补的朋友。

第九章

言而有信，不管现在还是未来

高尔基曾经说过：“走正直诚实的生活道路，必定会有一个问心无愧的归宿。”做人，当以诚信为本，古往今来那些有大作为者莫不如是。“人无信，则不立”。试想，谁又愿意与一个满口谎言、毫无信用的人打交道呢？

一次无信，终生不交

若是在生意场上，你真真假假、虚虚实实，或者还有意义，毕竟这是一种博弈。若是在日常生活中，说话办事从来没个准儿，你做人的态度就有大问题了！

有道是“说出去的话，泼出去的水”，说出去的话又怎么收得回来？食言必为人所不齿，言而有信，你才能以人格力量赢得别人的尊重和信服。

曾经听过这样一个真实事迹，颇受感动，拿出来与大家分享一下：在世界著名的纽约自然博物馆中，陈列着一尊重达数百公斤重的巨石，乍看上去，它与普通石头没什么两样，无非个头大了一些。但仔细观察你就会发现，这块巨石有一个崩口，顺着崩口处向内窥去，你一定会大吃一惊——那是一块熠熠生辉的紫水晶！关于这块水晶巨石的来历，还有一个动人的故事。据说，它原本是扔在一个美国人院内的废石，主人觉得它样貌丑陋、身形庞大，既占地方又有碍观瞻，于是便请人将其移走。在搬运时，工人不堪重负，将它摔落在地，于是石块四溅，紫水晶便这样露了出来。当主人得知以后，面对这价值连城的宝物，他只是淡然地说道：“这块石头，我原本就不打算要了。现在虽然发现了它的价值，但我一言既出，就决不反悔。我决定把它送给博物馆，让更多的人欣赏到它的美丽。”

或许，有人会认为这外国哥们有点儿傻，是的，若以常理来看，他确实不够精明，自己院子里的东西，按照法律，那就是他的所有物，即便他不献出来，也绝对无可厚非。他说将石头扔掉，也不过就是随随便便的一句话，无关乎信誓旦旦的诺言，没有人会对此质疑。但是，对于石头主人而言，这是一个原则问题，也就是说，他有一种“言必信，行必果”的态度，他就是要对自己说过的话负责！中国人说：“君子一言，驷马难追。”是君子，就要讲信义，不以物移，而不是像小人那样，出尔反尔，言而无信。毋庸置疑，这哥们就是个当之无愧的君子，他对信誉看得比任何事情都重要，宁可失去珍宝，也绝不让自己的信誉受损。因为他知道，信誉无价，千金难买，一旦受损，无可弥补。这是大义所在，或许唯有如此，他才觉得安心，觉得坦然。

在我国古代，有“君无戏言”一说，皇帝为什么不可有戏言？因为他是文武百官乃至全国百姓的表率，他说的话那就是圣旨，圣旨岂能随意更改？他若自食其言，无异于是在抽自己的大嘴巴，会令群臣对自己失去信任、令百姓对自己失去信任，不但影响江山社稷，还畏惧史官的那支笔啊！所以，皇帝说话总是经过深思熟虑，他对语言的把握是谨小慎微的，违背自己意愿的话，即便心里一百个不乐意，他也得照做不误。

其实，即便是没有身份的束缚，我们做人亦应讲究个诚信，别做食言之事。你在一件事上对一个人食言，就有可能引发连锁反应，即形成“好事不出门，坏事传千里”的局面，而这种反应所带来的负面影响，绝对足以毁掉你的人生。

要知道，国人向来对诚信看得很重，对出尔反尔的人总有点儿深恶痛绝的感觉，于是人们之间相互约定——“君子一言，驷马难追”“一口唾沫一个坑”。谁要是吐出去的唾沫往回咽，那就绝不仅仅是恶心人了，是“背信”，而“背信”与“弃义”并驾齐驱，可见其罪名有多大！

老子说：“人无信不立！”一个不讲诚信之人，没有人愿意与其谈论做人之道。试想，倘若生活中有人总是言而无信、放我们鸽子，我们究竟会做何感想？心中一定非常恼火，愤愤不平。那如果我们失信于人呢？人家也一定会和你一样，大为光火，愤愤不平，进而对你做出极差的评价——“这个人反复无常，不是可信之人！”这名声若是传扬出去，恐怕这辈子你都要带着抹不去的污点生活了。遗憾的是，很多时候，我们并没有认识到讲求信用的重要性，在对失信之人表示不齿的同时，却又重复着对方的错误，甚至对此没有一丝一毫的反省，这可真应了那句话——“只许州官放火，不许百姓点灯。”

或许你认为，有些话不过是随口说说，别人未必会当真，做与不做亦无伤大雅。然而，事情真的是你想象的那样吗？

有位朋友，总是说话不算数。一开始，大家并未在意。有一次，他打电话告知大家，中午要做东请客。于是，朋友们推掉了所有事，饿着肚子等他的电话。可是左等右等，就是没音。请客这种事，大家又不好打电话直接去问，也不知道是该继续饿着肚子等，还是先自己填饱肚子。其实这年月，谁缺一顿饭呢？只是大家都觉得，答应了赴约再自己解决了午餐，着实不够礼貌。等到最后，有朋友实在饿得受不了，打电话过去问，他才告知“临时有事走不开，改天再约”。如此几次，他再谈请客吃饭，大家都心有灵犀地各自去“祭五脏庙”了。再后来，他说什么话几乎都没人当回事了。

对于这种人，高尔基极为不满，他说：“人类最不道德处，是不诚实与怯懦。”西塞罗质问道：“没有诚信，何来尊严？”左拉则叹了口气：“失信就是失败。”是的，失信就是失败！或许你是说时无心，殊不知听者有意，他们将你自以为随口一说的话当真，在那里企盼着、憧憬着，你却不声不响地涮了人家，那种失望后的愤恨与痛苦堪比失恋，接下来的就是对你一百个、一千个的不信任！

事实上，说话算话这点儿事，甚至连七岁的顽童讲起来都能够头头是道，为什么我们之中的很多人却一错再错呢？说到底，还是没有对诚信给予足够的重视，很多时候，正是因为轻视诚信而信口雌黄，因为疏忽诚信而未能兑现自己的承诺，于是为自己引来了许多麻烦，原本简单的事情也变得复杂了。

我们要搞清楚，别人之所以与你交往，不是为听你说的假话来的。你若欺骗他们，即便只是小小的一次，也会令他们心生嫌隙，这就为你日后的失败埋下了一个伏笔，得不偿失啊！

欺骗，卑微了人格

即便在有的时间、有的地点，对有的人我们不得不说一些谎言，也希望它是真诚的、善意的、无害的谎言。

小时候，我们都听过《狼来了》的故事，那个放羊的孩子因为一而再再而三地欺骗大人，最终失去了大人的信任，非常悲惨地满足了狼的食欲。说实话，这个故事曾经对我们有过一定的震慑作用，那时候我们都不敢说谎，因为害怕说谎后的报应。只是，随着年龄的增长，我们逐渐变得胆大起来，早已将放羊孩子的命运忘在脑后，为了达到自己的目的，甚至只是为了满足一点儿小小的欲望，就不惜胡编乱造起来。或许在我们看来，只是撒一次小谎而已，无关民族大义、国家大事。只是你可知道，你所能欺骗的，都是信任你的人！这百分之一的欺骗，毁灭的却是百分之百的信誉，令信任你的人倍感伤心！

欺骗！这是一种极其不端的行为，欺骗人无异自绝于人！毕竟，若要人不知，除非己莫为，纸是包不住火的！你骗得了别人，却骗不了自己，骗得了一时，却骗不了一世。当你的谎言被拆穿之时，昔日的好友只会伤心地离你而去，昔日辛苦建立起的信誉从此也了无痕迹，没有人会接受这种恶意的耍弄，等待你的或将是众叛亲离。

古今中外，将谎撒得最大的，莫过于中国西周时期的幽王姬宫涅，他这谎一撒，便毁了祖宗的数百年基业，足见其是何等的荒诞。

据说，这姬宫涅长得也是一表人才，智商也不比谁低，就是这荒淫无度一般人不能比。当时，关中一带发生大地震，又有旱灾连年，百姓饥寒交迫，民不聊生，社会动荡不安，国力衰竭。姬宫涅呢？不思救黎民于水火，反而变本加厉，剥削百姓，又广征天下美女。当时，有个忠义之臣褒珦，力谏幽王，周幽王非但不知醒悟，反而将褒珦打入大牢。

褒珦被一关就是三年，褒氏族人想方设法要将他救出来。他们听说姬宫涅荒淫好色，便找到一位绝色美人，教其唱歌跳舞，为其取名“褒姒”，献给姬宫涅，替褒珦赎罪。

姬宫涅见了褒姒，惊为天人，浑身酥软，立即释放褒珦。此后，他荒淫日甚。这褒姒虽然国色天香，却冷若冰霜，自入宫以来从未展露笑颜。姬宫涅为博褒姒一笑，费尽心机，但褒姒始终不为所动。姬宫涅于是悬赏求计：谁能令褒姒一笑，赏黄金千两。这时，有个叫虢石父的谗臣竟建议姬宫涅烽火戏诸侯。

烽火台大家都知道，那是国家危难之际用来报警的通信设备，这一点起火来各路诸侯以为犬戎兵赶过来了，无不焦灼万分，起兵助王。谁知一路奔到骊山脚下，却未见到半个犬戎兵人影，只有幽王拥着褒姒与一班佞臣在喝酒取乐。

众诸侯始知被幽王戏弄，怀怨而回。褒姒见到诸侯的狼狈相，心觉有趣，不禁嫣然一笑。这一笑简直看呆了周幽王，于是重赏虢石父。

这姬宫涅为了进一步讨褒姒欢心，屡屡以此为乐，戏弄诸侯，又不惜损害社稷根基，黜王后、废太子，立褒姒为后，以其子伯服为太子。原太子宜臼的舅舅申侯进言，被姬宫湦削去爵位，并准备出兵攻伐。申侯得知以后，决定先发制人，联合缯侯，引犬戎之兵攻打镐京。姬宫湦闻知后惊慌失措，急忙命人点燃烽火。可是，这烽火倒是熊熊燃起，但诸侯们因为屡受愚弄，以为又是幽王在耍把戏，竟无人发一兵一卒。

烽火台上狼烟滚滚，火光烛天，却不见一人来救，姬宫湦叫苦不迭，待火烧至前宫门，只好带着褒姒、伯服，仓皇由后宫门逃出。行至骊山脚下，犬戎兵追随而至，乱刀砍死周幽王、伯服，抢走褒姒（一说被杀）。至此，延续数百年的西周王朝宣告灭亡。

后人有诗云："良夜颐宫奏管簧，无端烽火烛穹苍。可怜列国奔驰苦，止博褒妃笑一场！"

姬宫湦博美人一笑的初衷也无甚大错，谁不希望心爱的女人笑口常开？错就错在他不该以自己的"信誉""威望"为代价，不该拿国家的根基——军队开玩笑，他将诸侯当猴一样耍弄，谁还肯为他卖命？即便无申侯之乱，想必这西周亦不久矣！

"人无信不立，国无信则亡"。诚信，犹如一潭清水，所有真诚，都清清楚楚地装在里面，任谁能不喜欢？而失信，如同在这潭清水中注入一团污泥，臭气熏天，任谁又不厌恶？聪明人都不会拿自己的诚信开玩笑，以诚为本，才能有人缘，才能有饭吃，才能做大事，这是人人皆知的道理，但真的不是谁都能做到。

在日益物质化的今天，很多人的道德在慢慢沦丧，唯利是图，金钱至上，欺骗铺天盖地地袭来，诚信慢慢处于下风。于是，我们看到了漂白馒头、红心鸭蛋、毒粉条、地沟油、瘦肉精、三聚氰胺……甚至，当老人跌倒时，我们也不敢再上前搀扶——

这一切，不能不说是一种悲哀！欺骗，玷污了人性，卑微了人格，摧毁了道德；欺骗，泯灭了良知，伤害了情感，让人与人之间的距离越拉越远；欺骗，不仅显示了人格的卑贱、品行的不端，而且更是一种只图眼前利益，不做长远打算的愚蠢行为。这样的人，或许能得到一时之利，但终究不会长远。

做人，唯有以诚为本，方可赢得人心。你说一次真话，守一次诺言，是一件小事；撒一次谎，食一次言，也是一件小事。但前者可称之为小善，后者则是小恶。或许，你觉得它无伤大雅，但它确实决定了你的人生高度。

诺言，人格的考量

有些人，牛在天上飞，他在地上吹，看起来一副无所不能的样子，实则一无所能。须知，人的信用不在嘴上，而在心上，用心去行动，你才能得到认可。倘若说一套做一套，只会令人鄙夷、厌恶，更别提做人的信用。

且不说你的能力有多大，只要生活在人群中，就免不了会有人向我们求助。倘若，对方所求之事对于我们而言只是张飞吃豆芽——小菜一碟，那么，不妨伸出我们温暖的手，适时拉上一把，毕竟助人有时就是助己。但是，我们也不是万能的，所以不能什么事都不假思索地应承下来，倘若办不成，丢了面子事小，失了信誉事大。

受各种因素影响，这世间很多事并不是我们想做就能做到的。你看那千古一帝秦始皇，一生追求长生，还不是病死途中？再看那吊死煤山的崇祯帝，一心想着明室中兴，可还是未能阻止清朝的铁骑入京。有人求助，一力应承是面子，极尽所能是善行。但毕竟我们有所不能，不能为了面子夸海口，为难了自己，又耽误了人家。其实，倘若真的无能为力，我们不如老实交代——“我不行。”如此一来，人家可以再另想办法或是另寻他人，总比在你这里耗着要强。

尤其在职场中更应该注意，千万不要打肿脸充胖子。职场有别于家庭，同事、上司更不同于亲朋。你办砸了，亲朋或许还会给你几分谅解，可同事、上司不会考虑你当初的热忱，他们只会以事情的结果来评价你这个人，毫不留情。

有这样一个故事，或许会让我们有所警醒。

某师范大学毕业生回到户籍所在地中学任教。工作不久，恰逢教委要求该校抽调人员对全县中学进行实地考察，并提交相应调查报告。这位毕业生还没有被安排授课，因此便被校长选中了。这令大学生非常为难，他刚走出校门，不仅对本地教学情况缺乏了解，而且没有实际工作经验，这项任务对他来说是个大难题。可是，校长已经开口了，总不好拂人家的面子吧，于是只有硬着头皮答应了。

调研工作结束以后，其他学校的教师都按时上交了调查报告，唯有他因为不谙世故又缺乏经验，所以对于自己所负责的两所中学的实际情况并没有摸准，更别提做出专业分析了。教委对此很是不满，指责校长不会用人。校长将一肚子窝囊气都发到了年轻教师身上，这下他受不了了，又气又愧，最后只好引咎辞职。

这就是教训，你碍于情面勉强应承自己做不到的事情，别人非但不会领你的情，还会将失望与怨怒发泄到你身上，吃力又不讨好，何必勉强为之？

诚然，或许你并非逞能，你只是不想驳人的面子，可是别人未必这样想，他们多会觉得你浮而不实，夸夸其谈，言而无信。这种评价会对你的人生造成多大影响，想必无须多言了吧？

所以，倘若遇到没有把握的事情，不妨洒脱一点儿，不能便是不能，给人一个干脆的答案。这样，就算他们当时感到不快，但平心静气时也一定能够想通、能够谅解，总比你事办不成，落个猪八戒照镜子——里外不是人要好！

但是，请记住，如果答应了，那儿即使障碍再大，你也一定要给人家办到。因为，承诺在人际交往中的影响力是非常强大的，信守承诺，你便是在塑造自己诚实可靠的形象，你才能在事业、婚姻、家庭各方面取得成功。相反，倘若乱许承诺而无行动，没有人愿意与你继续友情。说到做到，这是古今君子所奉行的原则，这样的人，才能在受困之时得到他人的真心相助，在落魄之时体会到真正的友情。

曾看过一篇文章，名字叫作《答应不是做到》，作者朵拉在文中揭示了人际交往中的一种不诚实、不守信现象。他是这样写的："很多时候，我们向人求助，他们的反应是'好的，好的'。年轻时，听到朋友这样回答，我就非常放心，并且感动得很，因为有些朋友实在是仅有数面之缘。然而过不了多久，我就发现自己错了，是我放心得太早了。当他们点头说'好的，好的'时，或许只是口头上说说，至于行动，若是十中有一，你就是幸运的了。"文章中还说，这些人"承诺时，态度看起来非常诚恳，日子一过，却把说过的话当成风中的黄叶，霎时便无影无踪"。试想，倘若你身边都是这样的朋友，你会是怎样的心情？那倘若你以这种态度对待别人呢？孔子推崇忠、恕，恕就是"己所不欲，勿施于人"，如果你希望别人对你信守承诺，那么答应的事情请最好做到。

中国有句古话："人无信不立。"这里的"信"，就是信用、守信，也就是说能够按照自己事先答应别人的约定做事。如果一个人做事没有一个良好的信誉，是做不成大事的。就是在日常生活中，比如交友、学习、工作，我们也时时刻刻都离不开诚实这种美德。

是的，信用很重要，是一个人名誉的根本。但信用绝非一朝一夕便可树立的。获得众人的信任，铸就自己的信誉，不论你采取何种方法，笃诚、守信及勤劳是最根本的要诀。所以孔子说——做人最重要的是诚实。在诚实的范畴中，承诺的力量是强大的。遵守并实现你的承诺会使你在困难的时候得到真正的帮助，使你在孤独的时候得到友情的温暖。因为你信守诺言，你的诚实可靠的形象推销了自己，你便能够在人生的各个领域走得顺风顺水。

不论是在交际中还是在工作上，一个人的信用越好，就越能成功地打开局面，可以说，信用就是你最好的人生品牌。所以，不管在什么情况下，请务必恪守诚信，要用自己的行动去消除别人的怀疑，让他们亲眼看到你所做的一切都是为了他们的利益。换言之，你可以放弃其他，给人一个可信的面孔。商鞅之所以能够尽快实施自己的变法主张，靠的就是“信用”这面金牌。

公元前 350 年，商鞅积极准备第二次变法。

商鞅将准备推行的新法与秦孝公商定后，并没有急于公布。他知道，如果得不到人民的信任，法律是难以施行的。为了取信于民，商鞅采用了这样的办法。

这一天，正是咸阳城赶大集的日子，城区内外人来人往，车水马龙。时近中午，一队侍卫军士在鸣金开路声的引导下，护卫着一辆马车向城南走来。马车上除了一根三丈多长的木杆外，什么也没装。有些好奇的人便凑过来想看个究竟，结果引来了更多的人，人们都弄不清是怎么回事，反而更想把它弄清楚。人越聚越多，跟在马车后面一直来到南城门外。

军士们将木杆抬到车下，竖立起来。一名带队的官吏高声对众人说:“大良造有令,谁能将此木搬到北门,赏给黄金10两。”

众人议论纷纷。人们互相打探、询问……谁也说不清是怎么回事。因为谁都没听说过这样的事。有个青年人挽了挽袖子想去试一试，被身旁一位长者一把拉住了，说：“别去，天底下哪有这么便宜的事，搬一根木杆给10两黄金，咱可不去出这个风头。”有人跟着说：“是啊，我看这事儿弄不好是要掉脑袋的。”

人们就这样看着、议论着，却没有人肯上前去试一试。官吏又宣读了一遍商鞅的命令，仍然没有人站出来。

城门楼上，商鞅不动声色地注视着下面发生的这一切。过了一会儿,他转身对旁边的侍从吩咐了几句。侍从快步奔下楼去,跑到守在木杆旁的官吏面前，传达商鞅的命令。

官吏听完后，提高了声音向众人喊道：“大良造有令，谁能将此木搬至北门，赏黄金50两！”

众人哗然，认为这肯定不是真的。这时，一个中年汉子走出人群对官吏一拱手，说：“既然大良造发令，我就来搬，50两黄金不敢奢望，赏几个小钱还是可能的。”

中年汉子扛起木杆直向北门走去，围观的人群又跟着他来到北门。中年汉子放下木杆后被官吏带到商鞅面前。

商鞅笑着对中年汉子说：“你是条好汉！”商鞅拿出50两黄金，在手上掂了掂，说：“拿去！”

消息迅速从咸阳传向四面八方，国人纷纷传颂商鞅言出必行的美名。商鞅见时机成熟，立即推出新法。第二次变法就这样取得了成功。

另一个事例：

魏晋时有个叫卓恕的人，为人笃信，言不宿诺。他曾从建业回上虞老家，临行与太傅诸葛恪有约，某日再来拜会。到了那天，诸葛恪设宴专等。赴宴的人都认为从会稽到建业相距千里，路途之中很难说不会遇到风波之险，怎能如期？可是，“须臾恕至，一座皆惊”。

由此看来，诚是一个人的根本，待人以诚，就是以信义为要。“精诚所至，金石为开”，诚能化万物，也就是所谓的“诚则灵”，正是说明了诚的重要性。相反，心不诚则不灵，行则不通，事则不成。一个心灵丑恶、为人虚伪的人根本无法取得人们的信任。所以，荀子说：“天地为大矣，不诚则不能化万物；圣人为智矣，不诚则不能化万民；父子为亲矣，不诚则疏；君上为尊矣，不诚则卑。”明人朱舜水说得更直接：“修身处世，一诚之外更无余事。故曰：‘君子诚之为贵。’自天子至于庶人，未有舍诚而能行事者也；今人奈何欺世盗名矜得计哉？”所以，诚是人之所守，事之所本。只有做到内心诚而无欺的人才是能自信、信人并取信于人的人。

一个人立身处世，信用很重要，这是人的名誉的根本。但信用绝非一朝一夕便可树立。

我们常说的“君子一言，驷马难追”，讲的就是人的信用。一个没有信用的人，是为人所不齿的。现在的生意场上，公司、企业做广告宣传，树立公司、企业在公众中的形象，就是想提高公司、企业的信用度。信用度高了，人们才会相信你，和你来往，成交生意。不过，公司、企业的信用度得靠产品够佳的质量、优良的服务态度来实现，而非几句响亮的广告词、几次“优惠大酬宾”便可做到。人的信用也是如此。

获得众人的信任，铸就自己的信誉，不论你采取何种方法，笃诚、守信及勤劳是最根本的要诀。

给别人留下一个可信的面孔

孔夫子说：“人无诚信，便如车无横木，那怎么能行走呢？”

信誉是人生的一块招牌，它与名字一样，会是你一生的标签。真正的聪明人都不会拿自己的信誉开玩笑，因为做一次失信之人，很可能便要背负一世失信之名。

不守信抑或可以令你得一时之利，但这一时过后呢？是否还会有人相信你？你又该如何面对那些被你欺骗的人？聪明人看人，不仅会看对方在一件事上的表现，更要看他一贯的信誉状况。人的信誉形象需要用一贯的坚持来支撑，但破坏这个形象无非就在一朝一夕。一次信用危机，足以使我们辛苦经营一辈子的信誉形象消失于无形。而无信之人，又怎么可能得到别人的尊重？

有道是：“莫轻小恶，以为无殃，水滴虽微，渐盈大器，凡罪充满，从小积成。”不要以为偶尔的一次无信是小事，恶就是恶，没有大小之分；无信就是无信，今日失小信，难保明日不会失大信！世人评价人时就是这样严苛，他们不会因为你做过好事就认为你一辈子都是好人，但绝对会因为你做过恶事而让你的身上永远带有污点。

曾听过这样一个故事，为之感到惋惜，但更多的则是不齿，可是这种爱占小便宜的人还真不少见，那究竟是聪明还是愚蠢呢？

有这样一位小伙子，天资聪慧，才华横溢，经过不懈的努力，最终争取到前往法国留学的名额。他的家庭并不富裕，在这里需要半工半读才能继续学业。他到法国不久发现，这里的车站根本不设检票口，也没有检票员。这时，他灵机一动："法国的车票这么贵，自己又穷，而且这里根本不设检票员，要不然……"开始他还挣扎，随后便一点点开始动摇，于是，他开始第一次逃票上车，没有被人识破。有了第一次，便有了之后的再二、再三、再四……纵然偶尔被抓住接受处罚，但他也不过愧疚那么片刻，随后便继续他的侥幸心理。

四年的留学生涯结束了，优异的专业成绩以及国际知名学府的金字招牌，令他充满自信。他一次又一次地踏入跨国公司的大门，毫无疑问，平心而论，他的表现很出色，但结果总是不尽人意。这让他深感意外——那些人事主管原本对他赞许有佳，但数日之后却一一对他婉言谢绝，这是为什么？于是，为求解疑，他发了一封邮件给其中一家公司的人事经理，当晚便有了回信："××先生，我们很欣赏您的才华，但在调阅您的信用卡以后发现，您有两次逃票受罚记录，而敝公司对于诚信一向是十分看重的，所以不敢冒昧录用您，还请谅解。"

诚信是一个很严谨的问题，容不得一丝一毫的疏忽，上文中的才子给了我们前车之鉴：破坏信誉，纵然只是看似不起眼的小事，也足以改变一个人的一生，令人陷入不被认可的尴尬境地。诚信就是一个人道德的标签，道德能够弥补智慧的缺陷，而智慧却无法弥补道德的缺失。诚信无小事，即便眼前的诱惑再大，也不要拿诚信开玩笑，因为一念之差，便有可能令你万劫不复。

诚信，作为一种传统美德，支撑着人的道德底线，亦是人际交往及社会事务顺利进行的基本保证。如今，许多人似乎已经忘记了老祖宗的谆谆教诲，尔虞我诈，欺瞒成风，人与人之间已经没有了基本的信任与依托，社会信任感严重缺失，不但影响了个人发展,也令整个社会的和谐氛围受到严重破坏。于是，人们呼唤诚信的声音愈发强烈。

清末红顶商人胡雪岩常说："做人无非是讲个信义。"其实在我们心里，商人多是偷奸耍滑的，因为"奸商，奸商，无奸不商"，甚至很多商人自己也赞同这种说法，认为一味本分老实地做事，根本无利可寻。但事实真的是这样吗？决不！其实经商一事，信誉更为重要，唯有以诚为本，才能赢得顾客的信赖，从而为企业树立起金字招牌，以求更长远的发展。"戒欺"——这是每一个成功商人所遵循的经商原则。

做人与经商殊途同归，都是要讲一个"信"，唯有守信才能做大事。那胡雪岩虽然极富心机，生活又奢侈糜烂，但绝对称得上是一个守信重义的成功商人，这也是他能较一般商人更为成功的关键所在。

俗话说："敦厚之人，始可托大事。"做人倘若不讲信用，在人际交往中两面三刀，唯利是图，还会不会有人与你交心？若连一个知心的朋友都没有，你会不会感到自己煞是可怜？

所以说，你可以放弃其他，但一定要给人一个可信的面孔。只有这样，你才能打开人生的局面。

第十章

现在淡定，未来亦淡定

生活不会一帆风顺，人生亦不可能随心所欲，人的情绪出现波动也实属正常。但切记：要控制！莫做烈火金刚，动不动便大发雷霆、火冒三丈。这样非但不利于解决问题，反而会挫伤人与人之间的感情，将关系弄僵，使原本就不如意的事情变得雪上加霜。

放下冲动，化灾祸于无形

他强任他强，清风拂山冈；他横任他横，明月照大江！人能三思方无悔，逢人遇事，我们多一些忍耐，少一些冲动，往往便可化灾祸于无形。其实，有时示弱即是强，而示弱才能无忧。

冲动是魔鬼，谁碰谁后悔！是的，冲动就是驾驭我们情绪的魔鬼，人受冲动控制，有时甚至会做出一些连自己都后怕的事情。很多人受冲动的怂恿，甚至不惜踏破道德底线，触犯法律纲常，令自己的人生笼罩上重重阴影，给他人造成难以弥补的伤害，给自己留下无尽的悔恨。

冲动这种不良情绪见缝插针，在我们的生活中遍布足迹。

名利场上有冲动。声名在外，财源滚滚，是很多人毕生追求的梦想。这原本无错，只是有些人忘记了“君子爱财，取之有道”的古训，被名利迷了双眼，于是利欲熏心，不惜铤而走险，冲动之下做出违法乱纪的勾当，最终落得个身陷囹圄，追悔莫及。

权力场上有冲动。为官者谁都想步步高升，但加官晋爵要凭真本事，要有“全心全意为人民服务”的志向。只可惜有些人被权力欲望冲昏了头脑，尔虞我诈，钩心斗角，金钱美色，投其所好，极尽龌龊之能事，只为飞黄腾达。到头来，一枕黄粱，锒铛入狱，悔不当初，为时已晚。

家庭生活有冲动。同在一个屋檐下，围绕柴米油盐酱醋茶，难免磕磕碰碰，产生摩擦。这本来称不上什么矛盾，可是偏有些人爱较真，于是针锋相对，甚至大打出手、对簿公堂。殊不知，血浓于水，这世间最割不断的就是血肉之亲，对骨肉尚且如此，又何况对他人？

情爱之中有冲动。谁都希望爱情圆满，可爱随缘，缘如风，往往捉摸不定。很多时候，并不是说付出了就一定能够得到爱情。然而痴男怨女为情所惑，由爱生恨，冲动之下或是自残身体，或是致对方毁容，或是自杀殉情，或是诛杀情敌，造成了一幕幕爱情悲剧，令人叹息。

朋友相处有冲动。泥人还有三分土性，谁能没脾气？因一点小事而交恶，互相指责，怨怒横生，乃至刀兵相见，恩断义绝者大有人在。可是想想，这又何苦何必？毕竟，相识就是缘，佛说“前生的五百次回眸才换得今生一次擦肩而过”，这足可以将脖子扭断的夙缘，怎能就这样轻易毁掉？

有道是：“怒上心，一忍最高；事临头，三思为妙！”做人，应该有一点忍性，忍一时便可风平浪静，人不忍，则往往追悔莫及。多年前，曾亲眼见过这样一件惨事。

邻居陈某与妻子感情一向不错。只是，陈某有些嗜酒，而偏偏妻子对这点非常反感，经常在他喝酒时絮絮叨叨、没完没了。

那天，陈某做好饭菜，一边叫妻子开饭，一边顺手打开一瓶“玉泉方瓶”。妻子见状自然气不打一处来，索性不吃饭，站在陈某身旁唠叨起来。

陈某半斤酒下肚，情绪有点不受控制，越听火越大。突然间，他顺手抄起桌上的一只大花碗向妻子砸去，不偏不倚，正好打在了妻子的眼眶上。

这充满怒气的一下砸得妻子眼冒金星，蹲在地上良久才站起身来，眼部已然红肿一片。受了委屈，妻子首先想到的是娘家人，她一边哭着一边打电话向父母诉苦。没过多久，陈某的岳父、岳母、大舅哥同时来到他家。老人家心疼女儿，便开始数落起女婿的不是，说他不该打老婆，说他不该下手这么狠……双方你一言我一语，越吵越乱。

在怒火的刺激下，陈某的酒劲迅速发作，他血气上涌，奔进厨房摸出一把菜刀，对着妻子怒吼："你不是叫娘家人来找我算账吗？我现在就当着他们的面砍你，看他们能怎么着！"

见到此情此景，娘家人迅速跑到厨房，合力将陈某按住，大舅子一把夺下菜刀，扔出门外。然而，此时的陈某已经被酒精和怒火烧昏了头，他奋力挣脱，又从菜墩上摸起一把水果刀。大舅子见状上来夺刀，撕扯之中，陈某用力朝大舅子的腹部刺了一刀，对方惨叫一声跌倒在地。看到满手的鲜血，陈某终于从发狂的状态中清醒过来，他扔掉水果刀，抱着头跌坐在地上……

经法医鉴定，陈某的大舅子系重伤，陈某此时肠子都悔青了："我就是一时冲动，就是想吓唬他们一下，真的没想会伤到他。"

然而，法不容情，陈某因故意伤人罪服刑3年，一个原本还算幸福的家庭就这样散了。

冲动是一种极具破坏性的情绪，人一旦冲动起来，真的和魔鬼没什么两样，往往是事后，魔鬼离开，才感到追悔莫及，一再强调自己的无意。可是，这世上真的没人卖后悔药。冲动的后果我们不是不知，既然早知如此，又何必当初呢？其实，我们完全有能力控驭自己的情绪，抑制冲动于萌芽状态，化灾祸于无形。

当冲动欲起时，我们首先应尽量甚至是强迫自己冷静下来，好好想想事情的前因后果，想想究竟孰对孰错，倘若自己也有错，那还有什么理由大发脾气？倘若错不在己，那就去想想发怒的后果，去衡量一下这样做值不值得。甚至，你完全可以用沉默来表示反驳，让对方的拳头打在棉花上，于人于己都无所伤害，既显示出你的风度，又衬托出对方的无礼，这岂不是一种很好的抗议？

总之，控制冲动的关键就在于保持自己的理智，这或许有一定难度，但你不得不这样做，因为人一旦丧失了理智就与动物、魔鬼毫无区别。所谓理智，即是理性与智慧的结合。一个理智的人，能分清是非善恶，说话办事知深浅、晓进退、懂轻重、明缓急，所以，从不惧怕冲动魔鬼的侵袭。理智不仅仅是一种智慧，更是一种胸怀，心胸狭隘又毫无理智的人，怎能成就大事？贤者曰："所取者远，则必有所待；所就者大，则必有所忍。"古往今来，大抵如是。

其实人活于世，俗事本多，我们何苦再给自己增添无谓的烦恼？遇不忿之事，倘若能平心静气，以静制动，三思而后行，真的会令我们的人生明朗许多。相反，倘若你放任冲动，不抑制怒火，则多半会走火入魔，人生从此在后悔中度过。

以淡定之心压住内心的火焰

人生短短数十载，哪有时间发脾气？幸福来得不容易，一旦动怒便逝去，人生若逢不快事，一定要克制好自己，让其化作烟一缕，轻飘去，不留痕迹。

有这样一段佛经之文，叫作《莫生气》，我们一起来欣赏一下：

人生就像一场戏，因为有缘才相聚；
相扶到老不容易，是否更该去珍惜？
为了小事发脾气，回头想想又何必？
别人生气我不气，气出病来无人替。
我若气死谁如意？况且伤神又费力！
邻居亲朋不要比，儿孙琐事由他去；
吃苦享乐在一起，神仙羡慕好伴侣。

想想也是这样，生气难道不是和自己过不去吗？遇事，你再抓狂又能怎样？抓狂就能解决问题吗？非但不能，还伤身体，真的是得不偿失。毫无疑问，生气是一种很傻的行为。你看，你一发起脾气来，身边关心你的人、在乎你的人，谁的心里会舒服？那么，是他们惹你生气的吗？可是你又为何让他们与你一起受折磨呢？

你再看看，这世界上哪一个家庭，哪一个单位，哪一个社会行为，是用生气来解决并且能够解决问题的？我相信你找不出来。相反，这种做法只会将事情弄糟，使问题朝着更坏的方向发展。这是你想要的结果吗？

再想想，生气能让我们的生活变得更好吗？能让我们出人头地吗？能让别人都敬佩你吗？显然不能。那么，为何还要生气呢？生气解决不了问题，伤害自己的身体，影响人际关系……只有害而无一益，为何不能克制自己？

俗话说："笑一笑十年少，愁一愁白了头，怒一怒少了数。""怒一怒少了数"是什么意思？就是说人常生气，很容易减寿，这绝不是危言耸听。《三国演义》中的周瑜临死前的那句"既生瑜，何生亮"，更是将其狭隘的内心反映得淋漓尽致。周瑜一表人才，那时的人喜欢称相貌不凡的人为"郎"，周郎，周郎，足见其长得有多帅，而且身居政府要职，估计相当于现在的三军总司令，又有娇妻在抱，连曹操都对他艳羡不已。这样的人按理说应该活得逍遥自在吧？可他偏偏就是个小心眼，只因诸葛亮才能胜过自己，便寝食难安，耿耿于怀，结果三气之下，一命呜呼，辜负了孙策的临终托付，辜负了江东百姓，可悲、可叹！

事实上，谁都知道生气的坏处，但能够制怒的人确实只是少数。说到底还是因为人过于看重自己，忍受不了别人对于自己的冒犯，这是一种心病，那么莫不如就用心药医。

当有人冒犯我们的时候，你可以提醒自己：是他犯了错误，而现在怒火中烧的是我，我被怒火焚烧着，伤害着，而他只会更加得意。用别人的错误来惩罚自己，令仇者快、亲者痛，应该吗？

你可以问问自己：我这样生气于事何补？倘若非要用愤怒

表达自己的不满，让他知道我不是好欺负的，“佯怒”不就可以了吗？更何况气大伤身，我们是不是不该犯这样的错误？

人，应该心胸开阔一点，与人出现分歧时，压住火，别争别吵别生气，别非要论个是非曲直。这种做法并不明智，既伤身体又伤和气还伤感情，到头来事情无法解决，弄不好还会身陷囹圄。莫不如淡定一点，压住台面，将大事化小，小事化了。

听听《六尺巷》的故事。

在安徽桐城的西南一隅，有一条宽2米，长约180米的巷子，被当地人称作“六尺巷”。

据说，清朝名臣张英的家就住在这里，张英曾担任过礼部侍郎、兵部侍郎、工部尚书、翰林院掌院学士、文华殿大学士、礼部尚书等职，位高权重，桐城人亲切地称他为“老宰相”。他的儿子张廷玉想必大家也不陌生，被桐城人称为“小宰相”，父子二人合称“父子双宰相”。

当年，张英家与一户吴姓人家住邻居，两家人因一块空地闹了点矛盾，吴家向外扩墙占了这块地，张家人当然不想忍气，马上送信给张英，希望他能出面解决。张英看罢信后，挥手写了一首诗，寄给家人，诗曰：“一纸家书只为墙，让他三尺又何妨。长城万里今犹在，不见当年秦始皇。”张家人看到回信，知张英之意，遂向内撤让三尺，吴家人看到这种情景，也感到十分惭愧，于是也向内退让三尺，这样，张吴两家之间就形成了一条六尺宽的巷道，也就是我们提到的“六尺巷”。

相信，若是换作一般自制力稍差之人，最起码也要唇枪舌剑干一场，使两家因此交恶，事情也不知道何时才能解决。但你看张英，只是轻启朱毫，简简单单的几句诗，就轻而易举地化解了原本剑拔弩张的邻里矛盾，真可谓是“四两拨千斤”。

我们不得不羡慕张英的聪明，他这样做不仅能得到与人为善、谦和让人的好名声，而且所谓“高处不胜寒”，他身居官场，如履薄冰，一个不注意，就有可能遭人陷害，顷刻之间，家破人亡。这样看来，张英完全是从大局考虑，“忍一时风平浪静”，以免将事情闹大，埋下祸患，影响自己的前途。

其实，我们原本的生活就蛮幸福，有什么理由为那些小事生气、破坏生活中的愉悦呢？因为鸡毛蒜皮的小事而生气，往往会使我们忽略了身边的幸福，陷入一种不可自制的癫狂状态，这样的生活无疑是痛苦的。生活就是这样，你气也是一天，高高兴兴也是一天，就看你如何去选择。倘若你想过得舒心一点儿，那么，气就少生一点儿。

仔细想想，有什么是我们应该为之生气的呢？

为一句话吗？是什么样的话能让我们生气？好话，那是鼓励我们、赞美我们的，我们应该喜悦，应该感谢，这总不会让我们生气吧？坏话，有的时候或许是为我们好呢？殊不知“忠言逆耳利于行”。这样的话，即便不好听，我们是不是也该学着感激？如果它是恶意的，我们就更不能生气了，或许对方正幸灾乐祸地等着看你愤怒、出丑的样子，我们岂能让他得逞。

为一件事吗？好事？好事我们当然不生气，谁生气谁是傻子。坏事？生气有用吗？遇到坏事本就挺不幸的，难不成你还要往自己的伤口上撒盐？

所以，不管遇到什么，请记住：莫生气！想想你的健康，想想关心你的人，想想你的前程，想成功你就莫生气！

冲动影响了心情，也毁了前程

愤怒，就精神的配置序列而论，属于野兽一般的激情。它经常反复，是一种残忍而百折不挠的力量，从而成为凶杀的根源、不幸的盟友、伤害和耻辱的帮凶。

看一个人的修养如何，从脾气上就可以窥出端倪。一个易躁易怒的人，难道你还指望他温文尔雅，充满绅士风度吗？这样的人多半不会有什么大成就。

人到了一定年龄，应该让自己成熟一些，不要以为有脾气就是强悍，这是多么幼稚的想法！不要以为有本事就可以乱发脾气，这不过是一种荒谬的托词。遇事不要紧锁眉头，动不动就大发雷霆，这只会让身边的人看不起你，乃至对你敬而远之。人生有许多的关键时期，倘若在这种时刻，你压制不住自己的怒火，控制不住自己的脾气，去争执，去赌气，那么它很可能会给你带来毁灭性的打击。

曾遇到过这样一件事，真的很替那位女士感到惋惜。

那天上班时间，一位姿容出众、气质极好的青年女子来找同事。恰好同事不在，她便留下自己姓名，请大家代为转告。同事回来以后，有人献殷勤地将此情况做了通报，末了还来了句“不去当演员真是可惜了啊！”同事笑了笑，说道：“你怎么知道她没有去当演员呢？其实，我这位朋友不仅当过演员，还曾经与一个非常重要的角色擦肩而过呢！”说着，她说出了那个角色，满屋的同事不约而同地惊呼出声“那可是能令一个原本默默无闻的女演员一夜爆红的角色啊！”“那么，她为什么没有抓住机会呢？”大家忍不住问。

同事告诉我们：当时导演挑女主角，极尽苛刻之事后，就只剩下两位候选人——她与日后走红的那位。其实无论是外形还是气质，她都略胜一筹，导演也倾向于她。可恨的是，一家八卦周刊突然爆出她被导演潜规则的传闻，孤高自傲的她不堪忍受，一赌气，退出竞争，旋即又退出了演艺圈。

同事说，这几年来，她一直做着一名普普通通的白领，生活虽过得去，但并不如意，因为现在的职业根本无法发挥所长，她并不喜欢。要说后悔，她肯定是有的，但后悔也无济于事，毕竟机会不等人。其实，生活中因赌气而丢失大好机遇的人不在少数，现在回头想想，值吗？

儿时曾听过一个故事，说是有一人提着网去捕鱼，谁知突然天降大雨，这个人一赌气就将网七扯八扯地撕破了。这还不解气，他又一头栽进水塘中，这一下去就再也没有爬上来。当时，觉得这只是个哄人的玩笑，世界上哪有这么傻的人呢？但现在想想，其实它还是蛮有深意的，这是在提醒我们不要因生气而自毁。其实，下雨不能打鱼，等天晴就是了，何必动这么大肝火，非要与老天置气呢？到头来吃亏的还不是自己？我们遇事可别学这个傻子，不要让雨水浇进灵魂里，别让一口气憋在胸口久不散去，从而输掉青春，输掉可能铸就的辉煌以及触手可及的幸福。

其实，根本无须做过多的解释，过多的证明，任谁都知道克制自己的坏脾气是多么的重要。置气，这是一种多么不成熟的行为，伤身不说又伤心，而那些因置气自毁长城的人，则只能用“愚蠢”来形容。这怒火不但烧烂了心情，也断送了前程，令你瞬间由天堂跌入地狱。

我们的生活不可能毫无波澜，心情出现波动也实属正常之事。但你一定要将它控制在一个限度内，不要动不动就赌气、动不动就发火。想一想，这样能解决问题吗？不但不解决问题，反而会伤了感情，弄僵关系，令原本就窝心的事情更加雪上加霜。

我们应该做情绪的主人，而不是它的奴隶。一个真正成熟的人应该懂得把握自己的情绪开关，不要总是期待别人给予你快乐，你应该用好心情去感染身边的人，为事业奠定人脉基础。

想想我们“有气”时的样子吧！当你冷若冰霜地对待身边人时，当你极不耐烦地挂断父母的电话时，当你对着爱人、孩子大嚷大叫时，当你任性赌气时，你得到了什么？又有多少人会因此远离你？又有多少机会因此而被错过？你应该清楚，人人都有脾气，没有人有义务做你的出气筒，也没有人可以一直担待你，当他们决定不再忍你时，你的好日子也就到头了。

事实上，那些坏脾气总是将我们的生活弄得一团糟，它不仅会破坏我们的心情，亦有可能破坏家庭氛围，生疏朋友关系，甚至会影响你一生的幸福。作为一个成年人，我们真的不能再像小孩子一样任性而为、随意撒泼，我们应该认识到这种坏情绪的确会给人生造成极其恶劣的影响。所以，从这一刻起，收敛起你的坏脾气，不要因为一时被怒火冲昏了头，而造成一辈子的遗憾。

其实你可以不愤怒

一根火柴棒的价值不足一毛钱，一栋别墅却价值数百万元，但是，一根火柴棒足以烧毁一栋别墅。不要轻视愤怒的潜在破坏力，愤怒一旦发作起来，真可谓无坚不摧，所过之处，一片狼藉。

《黄帝内经》中早有记载“怒伤肝”。肝对于人体的重要性想必无须多说吧，伤肝显然是对人体的重大伤害。美国学者做过这样一个实验，更为科学地证明了“气”对于人体的害处。

学者们将人体呼出的气体导入一种液体中，结果发现，人在情绪稳定时，液体不会发生明显变化；情绪低落时，液体中会产生白色沉淀物；当生气时，液体就会变得浑浊不清。而且他们还证实，一个人倘若持续生气五分钟，所消耗的体能将相当于狂奔2000米。结合医学工作者罗列出的危害：生气会加速脑细胞衰老；诱发胃溃疡；造成人体心肌缺氧，诱发心脏病；伤肝，诱发肝脏疾病；引发甲亢；损伤肺气；损伤免疫系统，降低人体抵抗力……最后学者们得出结论——人在很大程度上并不是因为老化而死，而恰恰是被自己气死的！

愤怒是丑陋的，是一种极具破坏性的情绪，潜藏在人的心中，蓄势待发，并伺机操纵人的生活。愤怒会蒙蔽人的心灵，令人做出匪夷所思的事情。倘若无法抑制自己的愤怒，那么它势必会伤害身心。

人在生气时，大脑基本处于真空状态，智商基本为零，根本不能理性地分析问题。在怒火的灼烧之下，有时根本不知自己在做些什么，更不会停下来想一想生气究竟能让自己得到些什么。

英国有一位律师，性情非常急躁，生气对他来说简直就是家常便饭。

那一年，这位律师中了大奖，奖金高达300万英镑。律师是个急性子，希望提前领取这份奖金，好去法国旅游，但彩票公司并不肯为他破例。于是，律师一气之下和彩票公司打起官司。结果，律师不但败诉，还要承担诉讼费用。

律师越想越气，最后竟决定用所得到的300万英镑在彩票公司对面盖一幢楼，不要太高，能遮住照进彩票公司的阳光就好，让彩票公司的那些人永远工作在阴暗潮湿的环境中。可是，楼刚盖了一半，欧洲金融危机爆发，承建工程的建筑公司宣布破产，律师的钱打了水漂。

律师更是愤怒不已，一气之下，瘫倒在床，从此就再也没有起来。美国心理咨询专家理查德·卡尔森曾说过："我们的恼怒有80%是自己造成的。"生气对我们而言基本没有好处，可是很多人仍和那位律师一样，总是拿愤怒来惩罚自己。

其实仔细想想，我们生气时究竟是在跟谁怄气呢？还不是在怄我们自己。把我们自己怄成疯子、癫子，怄成一个充满愤恨和痛苦，而无法看清任何真相的人。这种怒火愈燃愈烈，再加上欲望的作祟，我们甚至会不顾自己的尊严、声誉、事业、朋友，甚至是爱人、亲人，彻底迷失自我，成为一头充满攻击性的野兽。

很多人更是因此陷入了恶性循环的怪圈，越是愤怒，越无法排解，越是无法排解，又越发愤怒，促使身边的人渐渐远离。而怒火最终演变成了无以复加的痛苦，使其深陷其中，苦不堪言。

倘若我们不能除掉自己一触即怒的臭毛病，就如同背着大山去远征，非但无法到达目的地，反而会将我们彻底压垮。所以，我们有必要在怒火点燃之前，尽量地控制一下自己，或许就可以帮助自己摆脱情绪的驾驭。

这里有两种舒缓情绪的简单方法，大家不妨试一下，相信效果会不错的：

第一种，呼吸放松法。倘若有人或事令你不快，甚至想要发火。那么暂缓一下，微微提起自己的双肩，深呼吸，然后吐出，如此反复几次，相信你的情绪就能得到缓解。

第二种，声东击西法。说白了就是转移自己的注意力。当我们的怒火在燃烧时，控制一下，去做一些自己喜欢的事情，比如看一本杂志或小说，欣赏一部影片或者去听音乐，想一想那些令你愉快的事情……渐渐地，你就可以摆脱愤怒的纠缠。

著名作家萧伯纳曾经说过："以愤怒开始的事情，往往以悔恨告终！"那么，为了避免做出令自己悔恨的事情，我们在怒火中烧时，请设法使自己冷静下来，分析导致我们愤怒的原因，然后对应地开解自己，采取一些积极措施将情绪控制在合理的范围内，避免自己深陷痛苦之中，切不要让愤怒伤了自己。

有些时候，有些情况下，控制怒火确实会令我们很难过，甚至可以说是一种折磨，反而是一泻千里、一吐为快会让我们舒服很多。但你要想想这样做的后果！其实，熄灭怒火远比尽情喷发更为智慧。怒火只会焚烧自己，令我们陷入万劫不复的深渊。但倘若，你能设法平心静气，然后慢慢将怒火通过其他渠道排解，回过头来，也许你就会发现，一触即怒是多么的糊涂与不值。

第十一章

余地留一点儿，说话少一点儿

不能管住自己舌头的人，不仅容易伤人，而且容易招灾。谨言慎行不是要我们不说话，而是希望我们懂得什么时候该说，什么时候不该说。有道是“病从口入，祸从口出”。切记：无论对人还是对己，请多口下留情。

少说多听常点头，言多必失

一些人从不把说话当回事，以为无非是嘴巴一张一合，仅此而已。因此兴奋起来滔滔不绝，口若悬河，该说的不该说的倾巢而出，得罪了人尚不自知，或许，这才是“真糊涂”。

中国的语言非常复杂，一样的意思，在不同的背景下，以不同的文字说出来，其效果就会大相径庭。有时，本是好意，但经不会说话的人嘴里说出来，就会显得分外刺耳；有时不过是敷衍搪塞，甚至是指责批评之语，但经会说话的人嘴里说出来，就会让人觉得浑身舒服。这就是说话的艺术。

倘若你不谙说话之道，那么给你一个最好的建议——尽量少说，因为，言多必失！

其实老一辈人早就告诉过我们：“少说多听常点头，逢人只说三分话，不可全抛一片心。”这是老辈人在经历无数沟沟坎坎、看遍人情冷暖之后所总结出来的生活心得，很值得我们用心去揣摩、领会。

因为听的时候，你的大脑在思考，如果你是个有心人，就会反复揣摩对方话语中的意思，知道对方到底要表达什么，由此判断出对方所言之事对你到底有没有害，并做出相应的正确回应。此外，多听还可以让我们汲取很多信息，譬如别人的人生经验、别人的处世方法、别人对人生的见解或是建议、周边环境的变化、市场上有可能出现的机遇，等等，你越是显得全神贯注地在听，别人就越乐意多说，而你也就知道得更多，这显然对我们是很有好处的。而且，你“引诱”他说，这是对对方的一个了解，而你不说，则是对对方的一种防范，倘若你们真的成为对手，你岂不是“知己知彼”？少说的好处就在于，你可以有效避免自己的弱点或是秘密曝于人前，同时也可以最大限度地减轻自己说错话的概率。倘若对方当着你面说别人坏话，那你也只是个旁听者，即便被当事人知道，你也可以摘得一干二净，这不是很好吗？

“常点头”，并不是说要我们做个人云亦云、随声附和的应声虫，而是在告诫我们不要特立独行，让别人觉得你不合群。简单一点说就是，在别人说话时，你常点头，既能够体现出你是在认真听，也能够避免得罪人。即使非反驳不可，那么也不妨先点头，肯定对方话语中的某些观点，然后再阐述自己的意见。而对于那些无关痛痒的小事，干脆就别去反驳，就当是给人家一点面子，多配合人家，如此一来，你的人缘怎会不好？

而这“逢人只说三分话，不可全抛一片心”，则是对复杂人性的一种深刻认知。须知，交人有风险，说话需谨慎。我们行走在五光十色的尘世，说话、做事一定要给自己留有余地。虽说害人之心不可有，但防人之心亦不可无，如果你非要做个“老实人”，将自己“赤裸裸”地摆在别人面前，那岂不是任人宰割？

生活中，类似于下面这样的事情就并不少见。

陈诚是某保险公司的销售代表，因为勤奋肯干，头脑灵活，低得下头，弯得下腰，因而取得了不错的成绩，是全公司公认的重点提拔对象。可是，他却因为信口开河而为自己的人生留下了浓重的败笔。

陈诚和顾自一同进入公司，一路走来彼此照顾，陈诚视顾自为哥们儿、兄弟，两人常在一起喝酒聊天、谈理想。那天，两人又凑在一起，酒过三巡，话开始多了起来，陈诚向顾自透漏了一件他从未对人提起的秘密。

“我初中毕业以后，找不到满意的工作，整天在社会上打转。有一次喝了不少酒，竟稀里糊涂地和几个哥们儿撬开了一家商店。后来，一个朋友再次行窃时落了网，我们几人一个没跑掉。刑满释放以后，我到处找工作，可是谁肯要我呢？后来，经朋友介绍，我来到了上海，这里没人知道我的底细，我因此才能找到现在这份工作。所以，我下定决心要好好干，不仅要给自己争脸，也要报答公司的知遇之恩！”

陈诚来到公司两年，公司根据他的表现，将其与顾自定为业务经理候选人，而且总经理显然更倾向于他，曾为此亲自找他谈过话。谁知几天以后，总经理突然宣布任顾自为业务经理，陈诚调出业务部，另行安排工作。事后，陈诚从人事部了解到，是顾自给自己下的绊，他将自己那段不堪回首的往事透漏给了总经理。显而易见，对于一个有前科的人，任何一个公司都不敢轻易重用，这是一个抹不去的污点。得知真相以后，陈诚又气又恨又悔，气顾自不讲义气，恨自己有眼无珠，悔自己口无遮拦，可是，再怎么悔恨交加又有何用？无奈，陈诚只得接受公司的安排，前往一个“鸡肋”部门就职。

这就是人性，尽管你不愿意接受，可它就是如此。其实很多事情，天知地知你知就好，完全没有必要让第三者知道，毕竟人心隔肚皮，天晓得什么时候它就会成为别人攻击你的利器。

社会是个残酷的竞技场，每个人都有可能成为你的对手，纵然是曾经山盟海誓的兄弟、伴侣，亦有可能出现反目成仇的一天。所以，行走在人生这条路上，我们一定要时时谨慎、事事小心，以免一枪被人戳个透心凉。

正所谓“言多必失，做多必错”，你说得太多，总会有那么几句给自己招来麻烦，甚至得罪人或是被出卖以后，你尚且浑浑噩噩、毫不自知，而等到别人发动攻击后，就不可避免地要陷入被动。这不是自找苦吃吗？

反观那些寡言少语、安安分分的人，则绝大多数时候是安全的。所以，在说话、做事前，我们一定要想清楚，这句话、这件事会牵涉到谁、会伤害到谁的利益，会不会伤害到自己，如此，你才能最大限度地避免与人为敌。请记住，谁把说话当小事，谁就要在嘴上出大事。

聪明的人会慎言又慎行

人的嘴巴有两种功能：一是吃饭，二是说话。人的话也分两种：一类该说，一类不该说。聪明人会慎言慎行，谨防祸从口出！

咱们先来听个笑话：

某知名画师酷爱画犬，一次，他听说某军阀家中养了一只藏獒，所以非常希望一睹为快。说也凑巧，正好这位军阀也邀请他前往家中做客。画师满心激动，一见到军阀就兴奋地说道："鄙人早想来大帅府中拜望了！"军阀以为画师心仪自己，顿露喜悦之情。谁知画家余兴未尽，顺嘴又来了一句："我是特意来看你这只狗的！"话一出口，画师顿感失言，心说不妙，没待一会儿就匆忙告辞了，过了很久尚心有余悸，摸着脖子说："幸亏大帅当日心情好，不然我的项上人头恐怕难保了！"一言可以招灾，这绝不是危言耸听，上面这个笑话也绝不是特例，古往今来因"出言不逊"而大祸临头之人不在少数。单看三国：田丰如是，祢衡如是，杨修亦如是！难怪古人早有警训："祸从口出！"一个人说话，倘若没有考虑清楚就顺嘴瞎说，是很容易得罪人的。这样的人，你给他机会，他也很难成就大事。

俗语说："会说话的使人笑，不会说话的使人跳。"话说得好则人人高兴，皆大欢喜；说不好则人人怒目相向，不欢而散。

前者一张嘴走遍天下，见人说人话，见鬼说鬼话，该溜须就溜须，该拍马时就拍马，太宗在世就做魏徵，武曌当朝就话女权，自然是如鱼得水，左右逢源，活得不亦乐乎；后者说话从不思量，舌头能犁地，满嘴跑火车，当着始皇谈身世，当着朱元璋话和尚，往往令闻之者大感不快，伤了别人又伤自己，惹下大祸尚不自知。

大家都知道，字乃文章之衣冠，而一个人的言语则是其品学修养的衣冠。很多人相貌堂堂，衣着光鲜，看上去一表人才，但不说话还好，一开口就臭不可当，令别人刚生出的一点好感瞬间消失于无形。可惜的是，这类人或许并非没有才能，也可能不是什么坏人，只是养成了不好的言语习惯，令闻者生厌，也令自己尴尬，正如下面这个年轻人。

有位小伙子在自己生日那天，邀请了四位朋友到家中小聚。

已经有三个人准时赴约，唯独一人不知何故，迟迟不见踪影。

这人情急之下顺嘴说道："真是急人！该来的怎么还不来？"

其中一个朋友闻言甚为不满，说道："你的意思是我们不该来了？那我告辞了！"说完，起身而去。

这人见状急得又冒出一句："真是的，不该走的又走了！"

剩下两人中的一人也坐不住了："依你所言，该走的是我们啦！"说完，转身出门。

又气走一个人，这人急得团团转。

剩下的那一位平时与之交情不错，知他品性，于是劝道："朋友都被你气走了，你得好好管管自己这张嘴了！"

谁知他说："哎，他们全都误会我了，我说的根本不是他们。"

最后这位再也按捺不住了，应声而起："你说的不是他们，那就是在说我喽！是我不识趣，好，我走！"说完，铁青着脸扬长而去。

这就是不会说话的典型代表，本来生日之宴朋友相聚是一件高兴事，却被这人三言两语搞了个不欢而散，像这种人，我们能说他有什么坏心眼吗？其实他“坏”就坏在了那张嘴上。

古人说：“君子慎言。”其实就是在告诉我们，无论对人还是对事，在想要开口时一定要仔细斟酌，有些话能少说则少说，能不说则不说。轻易说话，话不过脑，就容易失言，很可能在无意之中伤害了别人，同时也给别人留下了攻击自己的把柄。须知，“说者无心，听者有意”，你的无心之失未必人人都能体谅，若是碰到个心胸狭隘之人，你又如何收场？

此外，还应谨记，当着瘸子千万别说短话，因为人都要脸，树都要皮，你揭人之短，无异于触龙之逆鳞，纵然他实力不济，也是决不肯善罢甘休的！所以说话一定要前思后想，想好了再说，一定要考虑自己的话会造成怎样的后果，以免一时失言，造成不必要的误会与尴尬，既得罪别人又令自己难以收场。

听别人说什么，想自己怎么说

中国的语言博大精深，同样的一句话，完全可以表达出几种意思。我们用心倾听的目的就在于，做出适当的判断并采取相应的策略，听出个子午寅卯与轻重缓急。如此，方能在人际交往中运用方圆之道，做到游刃有余。

俗话说得好："会说不如会听。"是否善于倾听，是我们能否与人有效沟通并较好地处理人际关系的关键。因为只有会听，我们才能更加准确地把握对方所要传达的信息，参透对方的真实意图，才能因言制策，更好地与之交谈下去。所以说，只有会听，我们才能会说。

想必大家都有所体会，那些精于世道、老于世故的"老江湖"，往往并不直接将自己的真实意图表达出来，甚至是喜怒不形于色。你与他们交谈，以为他们说的是"这个"，到头来才发现根本不是那么回事。他们之所以这样做，并不是因为本身就喜欢故弄玄虚，而是在看尽人情冷暖，参透世事复杂，熟知生存法则之后，所采取的必要的自我保护行为。与这类人交谈，需要你聪明地听出其言外之意，否则就不能很好地与之进行沟通。

可能会有些朋友认为这样"猜哑谜"很难，其实不然，你可以这样：

先观察，亦如中医的望闻问切。通过仔细认真的观察，你一定可以从对方的话语中摸出一定规律，由此便可理出对方的思维模式及行为规律，这种模式便已接近他的真实状态。当你发现对方的言语不符合规律时，以常态来审视异常，便可从中发现些什么。

接下来就要论证你的猜想，以免判断失误。我们论证的方法可以有很多，可以开门见山，可以旁敲侧击，也可以采取迂回之策透过第三方了解。至于采取哪一种策略，要视情况而定，要看事情的性质以及你与对方的关系。不过一般而言，我们应尽量避免开门见山，因为我们无法预知对方的反应，所以还是保守一点，不要将事情弄糟。

相信，通过这两个步骤的试探，我们便可以在一定程度上把握对方的真实意图，并做出合适的反应，使自己在沟通中处于有利的态势。反之，则很有可能成为被动者，被别人支配着活动，由此成为人生路上的落败者。

其实，除了说话以外，对方的语调、语速等，都有可能在表达着一个意思，只要你细心观察，就一定会有所收获。譬如一个“喂”字，当事情非常急迫，而对方情绪紧张时，这个“喂”就会非常短促；而若事情无关痛痒，只是闲聊，如打电话时，这个“喂”字就会平静舒缓。这些细节其实很需要我们注意，否则若分不清轻重缓急，本末倒置，就会引起对方的怨恨，给自己带来不利的影响。

我们来看看下面这个故事：

某公司办公室中，总经理助理薛艳丽正埋头工作。这时，总经理走了过来：“小薛，帮我把这份文件整理一下，很紧急，要快一点。”

薛艳丽心中很不高兴："又紧急！哪份工作不紧急？我手头的工作都还没忙完，现在又来一堆新文件！"于是，薛艳丽继续忙着自己的手头工作，却将总经理扔来的新文件放置一旁。

过了片刻，总经理打来电话催促："小薛，好了没有呢？"

"我知道了！"薛艳丽放下电话，开始整理总经理的新文件，一边整理口中一边喋喋不休。

这时总经理又打电话过来："顺便打印一份上个月的报价表。"

于是，薛艳丽又开始慢吞吞地打印报价表。在接下来的时间里，总经理催促了几次，声音显然已经有些不耐烦，而薛艳丽竟然也不耐烦起来："手上这么多工作，我到底先做哪样啊？"总经理听后大为光火，没过多久薛艳丽便被炒了鱿鱼。

薛艳丽失败就在于不会倾听别人的话，不懂得轻重缓急，总经理那边都火烧眉毛了，她却依然自顾自地悠然自得，这不是给自己找不自在又是什么？

听话要听音，不仅要听出话中话，还要听出轻重缓急，更重要的是你要懂得怎样应对。也就是说，当知道别人在说什么以后，你就要想想自己该说什么。

一般来说，我们在与人应对时，应注意遵循以下原则：

1. 应取"善"而弃"恶"。即，应尽可能地肯定对方，尽可能地不去当面反驳，即便非反驳不可，也要尽量采取迂回策略，这样才能给对方留下面子，避免遭到对方记恨与报复。

2. 要注意场合。也就是说，说话时要顾及场合，回答要符合时、境与气氛，要注意给对方留面子，别当面让别人下不来台。

此外，遇到"两难"的问题，即无论你回答"是"还是"不是"都有可能给自己带来麻烦时，就不要急于给出答案，千万要三思而后言。我们可以反问对方，让他给出个答案，这样便可化被动为主动。也可以假装糊涂，含糊其辞，以糊涂策略来摆脱“两难”的境地。

总而言之，在与别人交谈时，别人说什么你一定要仔细听，你说什么一定要动脑，如此才能掌握说话的主动权。倘若无论什么都不假思索，脱口而出，往往只会使自己陷入被动，为自己招来很多麻烦。

沉默是金，更是一种反驳

留一份沉默给自己，纵然有人在背后指点你，你也大可不必恶语相向、反唇相讥，对于一个光明磊落、富有修养的人而言，再多的诽谤都是苍白无力的。

别把沉默当懦弱，它是一种特殊语言，具有其独特的使用价值。赵传在《沉默的羔羊》中唱道："当别人误解我的时候，我总是沉默，沉默对于我来说其实是一种反驳……"已故巨星张国荣的"沉默是金"，则更充斥着深谙世事的意味："夜风凛凛，独回望旧事前尘，是以往的我充满怒愤，诬告与指责积压着满肚气不愤，对谣言反应甚为着紧。受了教训得了书经的指引，现已看得透不再自困，但觉有分数，不再像以往那般笨，抹泪痕轻快笑着行。冥冥中都早注定你富或贫，是错永不对真永是真，任你怎说安守我本分，始终相信沉默是金。是非有公理慎言莫冒犯别人，遇上冷风雨休太认真，自信满心里休理会讽刺与质问，笑骂由人洒脱地做人……"

在特定环境下，在特殊时期中，沉默恰恰是我们最好的选择。虽说如今社会言论自由，但真的有很多事并不允许你畅所欲言，因为你一开口便有可能得罪人，你的大实话很有可能葬送自己的前程，这怎么能不让人谨慎？须知，张扬的言语表现不了你的雄心壮志，反而会暴露你的浅薄无知，更严重的时候会令你成为众矢之的。相反，适当的沉默则完全可以为我们省去这些麻烦。

不知大家是否听过这样一则寓言：

说是有一位猎人带着自己心爱的猎狗去打猎，他们为了追捕一只狐狸奔袭良久，眼见天色渐黑，猎人担心遇到凶猛的狼群，便急忙召唤猎狗一起回家。谁知，猎狗追得太兴奋、跑得太远，根本无法听到主人的召唤声。

在猎狗意犹未尽地跑回来时，猎人早已先行回到家中，猎狗很是着急，沿着来时路往回狂奔。就在离家不远的地方，它遇到了一群饿得双眼泛光的草原狼。猎狗知道对方是何其凶残，它更知道自己此时此刻的处境有多么危险。它知道，只要自己一开口，必然会被饥饿的死敌碎尸万段。于是它选择了默不作声，它趁着夜色悄悄混入狼群。这时的猎犬心已经跳到嗓子眼。偏偏这个时候，一只大狼发现猎犬的尾巴比大家都短，于是不时地盯着它问道："你真的是一只狼吗？"猎狗不敢出声，只能点了点头。大狼还是不相信，于是跑到头狼那里做了汇报。头狼在不久前一次与野马群的战斗中受了重伤，尾巴被踩断一截，听了大狼的汇报，头狼以为它在含沙射影地嘲笑自己，于是带着几分赌气地说道："是的，它是在那次战斗中唯一与我并肩作战的勇士，因为尾巴也受了伤，所以比你们短小。"机智的猎狗因为"一言不发"最终躲过一劫，在天亮狼群休息以后，寻找机会逃回了猎人身边。

有时，沉默就是一种自我保护，它可以为我们省去很多麻烦。在人际交往中，在某些情况下，恰到好处的沉默较之口若悬河、滔滔不绝，反而更让我们受用。人们常说的"雄辩是银，沉默是金”，其道理就在于此。事实上，只要我们看清形势，因时因地，适当把握，沉默就是一种很不错的表达方式，它会比唇枪舌剑、直言抢白更具威力与说服力。

沉默于我们而言，有时是一种积极的忍让，它的主旨就在于息事宁人。正所谓“冤家宜解不宜结”，人与人交往，鉴于生活阅历、学识水平、社会地位、思维方式、行为习惯的差异，免不了会产生分歧。倘若因为一些小事而针锋相对、大动干戈，那么生活恐怕将永无宁日。此时此刻，我们不如以宽怀为本，颔首微笑，三缄其口，让对方的拳头打在棉花上，这岂不是一种很高明的处理方法？想象一下，如果“你我他”三人各执己见，互不相让，你一句我一句地大打口水仗，那么会是一种什么局面？——鸡犬不宁、鸡飞狗跳、一塌糊涂，多年积攒的友谊，可能因此一朝尽散，多年的苦心经营岂不是前功尽弃。这个时候，谁大度一点，给予彼此适度的沉默，谁就会得到对方的敬佩。如此，矛盾缓和了，事态淡化了，问题解决了，大家又能坐在一起把酒言欢，何乐而不为呢？

沉默对于我们而言有时又是一种藐视。当有人狂妄至极，无理挑衅时，纵然你进行还击，可对这种人是否真的有理可讲？甚至，如此纠缠下去还会毁坏你的形象和声誉。这时，我们不妨用沉默来表示不屑与鄙夷。我们根本无须争辩，只要给他一个不屑一顾的神情，就会令其自讨没趣，这种沉默的语言显然要比唇枪舌剑更为有力，更为得体，也更能让周围的人高看你。

在受到挑衅时，要做到漠然置之着实不易。这首先需要宽广的胸襟和一定的自控能力，但请记住黄庭坚的那句话：“百战百胜不如一忍，万言万语不如一默！”在纷繁复杂的人生路上，少说多听的确能够让我们保持足够的理性，沉默有时的确可以让我们受益匪浅。我们要意识到，沉默决不代表着妥协，它只是在沉稳中积蓄力量，在自保的同时把握时机给予敌人最有力的还击。

第十二章

为了未来，现在的你要加倍努力

在商言商，老板创立企业终归是为了谋利。对于老板而言，能达到工作要求，那么你合格；能比他们的要求略高一点儿，那么你有培养价值；倘若你总是能够创造比老板期望值更多的价值，那么，他们会对你委以重任。相反，倘若你在工作中充满惰性，时常抱怨，得过且过，那么你一定会被排斥或取代。有这样一句话请记住：今天工作不努力，明天努力找工作！

世界如此现实，没人会听你的抱怨

抱怨是种病，沾上就要命！很多人都在抱怨自己时运不济，别人的成功看似轻而易举，而自己却总是在成功的边缘打转。其实他们不知道，导致失败的罪魁祸首正是他们自己。

人活着，为了养活自己及家人就免不了要出去工作，除非你的祖辈、父母为你留下了足够挥霍的资产，可是绝大多数人并不是这样。

对于工作，我们每个人都有自己的憧憬，但现实有时的确未能尽如人意，我们可能无法在自己喜欢的岗位上做自己想做的事情，可能遭遇各种挫折和失败，于是抱怨开始产生，并在职场上蔓延开来。关于抱怨心理，一位哲人形容得很贴切："我们抱怨，是为了获取同情心和注意力，以及避免去做我们不敢做的事。"事实的确如此，抱怨只是弱者的行径，只是在自怨自艾，而对于现状根本没有丝毫的正面作用，其结果只能是害了自己。

一方面，抱怨会令人的心态愈发消极，每每遇到难事，首先想到的不是怎样去解决，而是"为什么这样不公""凭什么这样对我"，这种阴霾甚至会持续笼罩在人的心头，令人久久走不出灰暗。

另一方面，抱怨最多也就只能赢得一些虚伪的宽慰之词，使自己的不满情绪暂时得到缓解，但却会对人的职业生涯产生极大的负面影响。人在抱怨心理的持续作用下，思想会开始动摇，进而开始敷衍了事，于是职业道路越走越窄，甚至有可能被要求“卷铺盖走人”。

我们一起来看看下面这个案例：

周爽在一家金饰商店做销售员，做了五六年却连个主管都没当上，她为此愤愤不平，常向朋友抱怨老板有眼无珠，又说同事心机太深，朋友们对此也是将信将疑。

一次，某朋友前往金店看望周爽。周爽不停地和朋友交谈，对于进门的顾客却置若罔闻。一些顾客本想向周爽做些咨询，但眼见此情此景又都纷纷走开了，一连来了四名顾客都是如此。待第五名顾客忍不住开口询问时，她却来了句“买得起就买，买不起就别看”。气得对方红着脸摔门而出。由此，朋友算是知道周爽为何久久不能升迁了。

两个月以后，这位朋友又去看望周爽，却被告知她已经被解雇了，原因是——消极怠工。

其实，现实生活中像周爽这样的人并不少，他们总是抱怨工作不如意，却不知道这“不如意”往往就是自己亲手导演的。他们并不是运气比别人差，只是别人都将精力用在了工作上，而他们却将时间与精力用于不停的抱怨，如此又怎么能成功呢？

那些真正优秀的人从不抱怨，因为他们知道，抱怨再多对于改变现状而言也是无济于事，而只有行动、努力才是解决问题的根本途径。

那么，你还在抱怨吗？还在抱怨自己学非所用、工作环境差、薪资待遇低、空有满腹才华而无人赏识吗？若如此，请停下来吧，不要再抱怨，请将重心转移到努力工作上来。正所谓“苦心人天不负”，只要你肯努力、务实，成功离你就不会太远。一个真正优秀的人应该有这样的决心与志气——即便生活给你的都是垃圾，“我”也能发现垃圾的用处，将垃圾踩在脚下，垫起人生的高度。

别人拿着高薪、做着轻松的工作那是他的事，你再眼红再抱怨又能怎样？无非给自己惹一肚子闲气，你的工作环境会因此变好吗？你的薪资会因此提高吗？都不可能。莫不如将这些琐事放在一旁，多想想怎样使自己得到长足的进步，怎样去改善你的生存状态，这不比在那长吁短叹要强千百倍？

你真的要给自己一点紧迫感，因为人生短短数十载，真的没有太多时间容我们抱怨。想要争取到你认为的公平，想要使自己及家人生存得更好一些，从这一刻起你就要改变心态，停止抱怨，将目光放远一些，为自己的人生做一个长远、合理的规划，并为之矢志不移地奋斗下去。或许，在这个过程中我们还会遇到许多不如意，但记住，千万不要再让你的抱怨将本已接近的“好运”吓跑。

做一个劳逸结合的工作者

老板都希望用最低的工资聘用到最有价值的员工；员工则希望以最少的精力去完成老板交代的任务。但公司毕竟是以盈利为目的的，老板不会养闲人。

什么是闲人？“闲人”在《现代汉语词典》中有两种解释：其一，无所事事的人；其二，与事无关的人。著名作家贾平凹先生曾为古城西安的闲人们做过素描：“他们大都在街上东游西逛，听到什么信息便会添油加醋地转卖给别人……”

那么，企业内部的闲人又会是什么样子呢？他们无多少事做，不是迟到就是早退，一有时间便走东屋、串西屋，到各个部门插科打诨、搬弄是非。这种人，往小了说会破坏公司氛围，影响同事关系；往大了说会影响公司的整体运转，阻碍公司发展。倘若你在一个公司中看到有这样的人存在，那么他要么与老板有裙带关系，要么就是不想在这家公司继续待下去了。

为什么这样说呢？你要知道，公司不是慈善机构，老板也不是什么慈善家，企业雇佣员工的根本目的是创造价值，倘若你毫无价值可言，那么留你又有何用？难不成钱多了烧手吗？所以，若不是沾亲带故，对于闲人老板是绝对不会容忍的。

基于此，有些朋友似乎应该注意了，不要把你的散漫带到工作中，即便你目前还没有达到“闲人”的程度。但若本着“当一天和尚撞一天钟”的态度去工作，相信老板也不会视而不见的，若有一天，当有了合适的人选能够代替你的职位，他绝对会毫不留情地将你赶出公司。

那么，职场上究竟有哪些人不受老板待见、时刻处于危险的边缘呢？我们一起来看一下。

1. 那种混日子型的员工。这种人对于工作的态度就是得过且过，他们并不把工作当回事，甚至连犯了错也是一副满不在乎的样子，在他们的意识里“天生我才必有用，此处不留爷，自有留爷处”。这种人看似过得很舒服，其实早已被老板拉入黑名单。

2. 好高骛远型的员工。这种人总觉得自己很了不起，又总觉得老板安排自己做现在的工作是大材小用。他们觉得自己的才能被埋没，心中不满，于是消极怠工，想必离走人之日也不会太远。

3. 自由散漫型的员工。这种人最明显的特点就是没有时间观念，经常性地迟到、早退，虽然他们能够合格地完成本职工作，但企业毕竟是一个团队，有它的组织纪律性，老板又怎么会允许一个或几个人破坏整个团队的氛围呢？

其实，还有很多类型的员工在职场上不受待见，诸如浑水摸鱼型、争功诿过型，等等，但相比之下，我们所列举的三种则更为典型，更为危险。倘若你身在其中，那么如果还想在这家公司继续待下去，就一定要有所改进，别让自己沦落为职场上极易被淘汰的“末位”。

此外，还有一点在这里我们有必要提一下。职场就是一个利益场，其实在老板眼中，没有苦劳，只有功劳，他不会看重你为公司效过多少年的力、流过多少年的汗，只会看重你在所效力的这段时间内为公司创造过多少价值。或者，即便你当初有过一定的业绩，但倘若此时江郎才尽，仅靠着老本过日子，那么老板多半也是不会给你留太多情面的。

这里有一个故事，或许会对大家有所警示：

老刘是某公司的元老级人物，经过十数年的苦熬，终于从一名普通的业务人员擢升为业务部经理，享受着优渥的薪资待遇。咸鱼翻身的老刘认为自己终于熬出了头，工作中不免有些倚老卖老，自以为是。

随着公司的发展壮大，公司陆续涌进一批新人，在老刘的业务部便出现了一位“新星”，这个年轻人论形象、气质、口才、能力，在整个业务部都称得上是数一数二，这不禁让老刘感受到了前所未有的压力，因为他除了资历老之外，真的没有什么值得炫耀的。

公司希望老员工能够多多提携新员工，以使他们尽快适应岗位，为公司的发展献一份力，但老刘出于私心，却人为地为这位新人设置障碍，尽量不让他接触核心人物，而是专挑那些难缠的业务让他去跑。

可是没想到这位员工硬是凭着一张嘴、两条腿，屡屡在“攻坚战役”中取得胜利，真是想抹杀都抹杀不了。另一方面，这位员工又极有耐性，对于老刘的打压，他一直忍辱负重、一声不吭，待人处世极为谦虚、低调。所以几年下来，老刘的“全面遏制政策”非但没有成功，反而为这位新星赚取了不错的印象分。

反观老刘，或许是岁数大了，职位高了，人也就变懒了。他总是利用职务之便挑一些无足轻重却易于达成的业务去做，他的业绩可以说只有数量却没质量，又或者说他现在做的事随便一个业务员就能胜任。公司领导对此已隐隐表示不满，认为他没有尽到做领导的职责。

但老刘却依然故我，自以为是元老，曾随着公司走过风风雨雨，到了该“颐养天年”的时候了，想必老板也不会太让自己下不来台。终于，老板忍无可忍，真的让老刘“颐养天年”去了——公司决定，由那名“新星”担任业务部经理一职，而老刘调离岗位负责内务。

实际上，老刘已经处于可有可无的尴尬境地。

或许有些人对此并不在意，“有什么大不了的，到哪还不是混口饭吃！”但事实上，这极有可能会影响你以后的发展。试想，倘若你因不敬业而被辞退的事情在业内到处传播，会对你“另谋高就”造成多大障碍？而且，一旦养成这种习惯，那么你这辈子也很难做出一番成绩了。

总而言之，我们一定要认清一点，公司是一个经营实体，它创建的根本目的就在于创造利润，这便需要公司中的每一个员工去贡献自己的价值。

倘若你没有价值可被老板利用，那么你迟早会成为一颗被弃的棋子。

身在职场我们必须懂得：老板很现实，公司不会养闲人！所以不能“混饭吃”，不能仗着资历吃老本。否则，你的职场之路必然会越走越窄。只有出色，才能使你成为公司中不可或缺的人物。

想进步，每天多做一点点

职场上，那些出类拔萃的人与普通人的区别在哪？答案是“就多了那么一点点努力”。虽然只是多了一点点的努力，但仅这一点点，就不是每个人都能够做到的。

“事不关己，高高挂起”——这是国人常挂在嘴边的俗语，或许，在处理日常事务时，遵循这一原则能够为你免除一些不必要的麻烦。但在职场上，若是揣着这句话走路，则绝对会碰壁的。对于职场人士而言，若时时抱着“事不关己，高高挂起”的态度，那么他也就只能处于垫底的位置。

企业是一个整体，它的发展需要每一名员工尽心尽力。倘若人人“各扫自家门前雪，不管他人瓦上霜”，那么企业就不会实现真正意义上的强大，而个人自然也就无法得到更长足的发展。

“能者多得”，员工在企业中的地位，往往与他的付出成正比。正如美国塞文事务机器公司前董事长保罗·查来普所说的那样：“不论是不是你的责任，只要关系到公司的利益，都该毫不犹豫地加以维护。如果一个员工想要得到提升，任何一件事都是他的责任。如果你想使老板相信你是个可造之才，最快的方法，莫过于寻找并抓牢促进公司利益的机会，哪怕不关你的责任，你也要这么做。”一名员工，倘若不具备足够的主人翁意识，将工作与酬劳分得清清楚楚，多一份付出都不愿去做，或者说做了就一定要得到回报，那么，他多半只会原地踏步。

你对于工作的态度、你的所作所为，老板心中一清二楚，这种印象会直接影响他对你的评价，从而决定着你的前途。所以说，在职场中打拼，切不可太小家子气，一定要放弃那种“拿多少钱，做多少事”的想法。倘若你每天能够多做一点，初衷不只是为了报酬，那么你往往会得到更多。

戴振国就职于国内一家大型 IT 企业，任销售部经理一职。前不久，公司开发出一款新的办公软件，但目前为止还未曾在市面上做过宣传。公司准备在正式做市场推广之前，先与一些信誉较好的老客户签订首批订单，这样一方面可以调动更多的资金，一方面可以给老客户做大幅度的让利，是一种双赢策略。

本着这种初衷，戴振国来到经常与其合作的 A 公司。A 公司的老板不在，负责接待的人员为了赶着下班，同时觉得“这不关我事”，于是不咸不淡地拒绝了戴振国的推销，并含蓄地下起了逐客令。

碰了一鼻子灰的戴振国只好又来到 B 公司。凑巧的是，B 公司的老板也不在，但接待他的工作人员非常热情。在了解到戴振国此行的目的以后，该工作人员认为这是一个很不错的商机，于是留下了戴振国的产品说明书及联系方式，并在翌日及时汇报给了老板。老板在进行实际考察以后，很快与戴振国签订了合作意向，两家公司因此都取得了不错的收益。而那位主动、热心的工作人员，也因此受到了 B 公司老板的重用，擢升为客户部经理。

“世间自有公道，付出总有回报”，一个人想要自己的职场之路更加宽阔，获得更多的机遇，就不要将工作中的“分内之事”与“分外之事”划分得那样清楚。要知道，做一点分外工作其实也是一个学习的机会，平时多做一点，你对业务的掌握就更全面一些，老板不会对此视而不见，这对你是有利无害的。

著名投资专家约翰·坦普尔顿就曾经通过大量验证得出这样一条结论：“优秀员工与普通员工几乎做着同样的工作，前者仅仅是多做了一分努力，其成绩却与后者有着天壤之别。”在职场中，尽职尽责完成本职工作的人，充其量只能说是称职，而那些“每天多做一些”的人，才能称得上足够优秀。

所以说，我们不应该时时想着“老板能给我多少”，而应多想想“我能为老板做什么”，尤其是对刚刚踏入职场的年轻人而言更是如此。或许，我们最初的工作并不尽人意，但这也只是个开始，并不意味着你一辈子都会这样。你要想摆脱现状，出人头地，那么就不能有“当一天和尚撞一天钟”的想法，你应该多找一些事情来培养自己的能力，并借此引起老板的注意。

一个人能否在平凡的岗位上脱颖而出，这一方面取决于他的个人能力，一方面则取决于他的工作态度。要知道，所有企业的老板都会为那些有责任心、肯付出的员工大开绿灯。可以说，“每天多做一点儿”，是一种聪明的工作态度，如果你做了，就等于为自己播下了成功的种子。

恩恩怨怨之中，独善其身

说什么别说闲话，惹什么也别惹是非！陷入是非圈中，随之而来的便是接踵而至的麻烦！轻则会令你灰头土脸，重则让你里外不是人。所以，我们不要试图做“兼济天下”的“圣人”，还是好好地“独善其身”吧。

有人的地方就有江湖，办公室就是一个江湖，恩恩怨怨、是是非非每天都在发生着，说不清道不明、理不顺。你置身于这个江湖中，若想纤毫不染似乎不太可能，但你可以尽量将自己摘得干净一些，对于那些恩怨是非，你能躲便躲，能躲多远便躲多远，以免到头来惹得自己一身是非。

你要知道，是非虽小，但是非背后麻烦多，是非所带来的负面效应会让你受不了。或许你是个刚正不阿的人，遇到了看不惯的事情就忍不住要“挺身而出”；或许你是个心直口快的人，心里总是藏不住事……但无论你是哪一种人，都请记住这句忠告：洁身自好，远离是非！

或许有的人要说，我并不想招惹是非，但是非总是来找我，我能怎么办？

确实，这种情况并不少见，譬如，平日要好的两位同事竟分别在你面前说对方的坏话，但他们表面上却秋毫无犯。这确实令人挺为难的。若两面都说好话吧，他们会认为你是墙头草，若顺着其中一方说，又怕得罪另一方，真的是左右为难。但事实上，只要你能摸准对方的脉，应对这种尴尬局面其实也不是什么难事。

一般来说，出现这种情况会有两种可能：

一是当事双方出现矛盾，但又不想撕破脸，恰恰二人都是心胸狭隘之人，于是便想找个关系不错的第三者倾诉。这种问题比较容易解决，你只需以同样不咸不淡的态度对待两人，当他们发现自己的“遭遇”并没有引起你的同情时，自然会自认无趣，于是便会去另找人倾诉，如此一来，你便轻而易举地金蝉脱壳了。

另一种可能是两人都别有用心，意在试探你对他们谁更好一些。若是这种情况，你就该明确自己的立场了。既然他们不仁，那你也不必太过仁慈，你完全可以还以颜色：“对不起，那是你们的事情，我对此没兴趣。”如此一来，他们碰了一个软钉子，必然会知趣而退。

有人找你去做“和事佬”，这也是一种麻烦。办公室中的人因为存在竞争关系，是故总是亦敌亦友，或许今天是搭档，明天就成了敌手；或许今天是敌手，明天又成了朋友。对于他们之间的尔虞我诈、钩心斗角，你尽量不要掺和，否则就会有数不清的麻烦缠着你。

譬如，发生矛盾的双方希望化干戈为玉帛，而自己又不好意思主动出面，遂拉你来做和事佬。遇到这种事情，你大可不必急着推却，毕竟这是在做好事，人家求你也可以说是看得起你，不要太拂人家面子。只不过，你在做好事之余要记得另外给自己做一些保护工作——不要太投入，给自己的言行留个底线，超越这个底线的事情千万莫做。你完全可以只做个“陪客”，起一个搭桥的作用，而对于谁是谁非这类事情不要发表任何不合时宜的评论，以免产生后患。

对上司不满，这也是一个稍不留意就会掉进去的是非漩涡，你要多加留意。事实上，在职场上对上司不满的人比比皆是，他们或认为上司有眼无珠，或认为上司处事不公，或认为上司公报私仇、有意刁难……这是一个很难解的题，你既不能站在上司一边对他们不置可否——这样他们会视你为仇敌；又不能站在他们一边抱怨上司——若让上司知道没你的好果子吃。所以你要做的就是入耳封存，耐心地听他们去说，但不要妄加评论，更不要刨根问底。因为你一旦知道了详情，就会被确立“判官”的角色，到时便由不得你不说，这可就大为不妙了！

俗语说“隔墙有耳”“好话不出门，坏话传千里”。在职场上混，一定要注意“闲谈莫论人非”，聪明的人不会让自己卷入办公室的是非漩涡之中，更不会信口雌黄去谈论别人的是与不是，这只会给自己招惹不必要的麻烦。

另一方面，今天听别人说三，你就道四，时间久了，别人自然而然就会联想到“今天你当着我面说他，保不准他日又会当着别人说我”，如此一来，你在同事中的印象又能好到哪去呢？这岂不是猪八戒照镜子——里外不是人？

混职场的一条重要原则就是：不惹是非，别管别人如何，你只要做好你自己就可以了。在是非漩涡中打转无疑是愚蠢的，这样做你什么也得不到，却会得罪很多人。

第十三章

坚守爱情，幸福从现在到未来

感情世界纵然充满变数，但只要真诚，只要用心，我们完全可以把握幸福。怕就怕，我们不将幸福当成一回事，随意地挥霍，那么，幸福必将离你远去。朋友们，该做什么心里应该有数，千万不要在人生的路上犯糊涂。

苛求爱情，它会变成手中沙

“白马王子”与“白雪公主”大多只会出现在童话中，更多时候我们遇到的只是“普通男子”与“平凡女子”。对于爱情，我们不要太过理想化，因为那样，你或许就只能活在理想中。

有这样一个笑话：

说某女子将征婚条件输入电脑——1. 要帅；2. 要有车。电脑显示结果——象棋。

该女子不甘心，继续输入——1. 要有漂亮的房子；2. 要有很多钱。电脑显示结果——银行。

该女子仍不甘心，再次输入：1. 要长得酷；2. 要有安全感。电脑显示结果——奥特曼。

该女子有些恼火，将以上条件全部输入：1. 要帅；2. 要有车；3. 要有漂亮的房子；4. 要有很多钱；5. 要长得酷；6. 要有安全感。电脑显示结果——奥特曼在银行里下象棋。

虽然这只是一个笑话，但它确实反映出了社会上的一种现象——如今的青年男女在挑选配偶时，总是会罗列出很多条件，这些条件有的尚算合理，有的则近乎苛刻，不过他们自己并不觉得。于是，在迷迷茫茫中追问，在挑挑拣拣中过活，到头来，只能叹青春易逝，上苍不公，没有为自己送来一位真命天子或是白雪公主。于是，我们看到社会上出现了大量的剩男剩女。

诚然，每个人或多或少会对爱情有些憧憬。男的希望自己的妻子貌美如花、多才多艺、端庄雅致、贤良淑德；女的则希望自己的另一半英俊潇洒、风度翩翩、家财万贯、学富五车。但现实的状况是，能集这众多优点于一身的人毕竟只是凤毛麟角，大多数时候我们遇到的只是一些普通人，他们所能给予我们的或许就只是平凡但有可能很真的爱情。如果你将自己的幸福寄托在那种乌托邦似的梦想上，那么爱情就只会在你生命中一次又一次地擦肩而过。所以在婚恋问题上，我们不妨适当“屈就”一下，不去苛求爱情的完美，我们才能找到真正的幸福。

这里有一个故事，不知大家在读过以后是否能领悟到什么。

谢云、庄慧、翟微自幼一起长大，好得不能再好。三个人中，论外貌，谢云当仁不让，她从中学到大学，可一直都是班花；论才华，翟微首屈一指，上学时她就有女诗人的绰号；唯独庄慧平凡无奇。

三个女人虽说情如姐妹，相助相惜，但在择偶标准上，却有着很大的差异。谢云渴望的是一段完美、浪漫的爱情，倘若找不到一个完美的爱人，则宁愿让如花之貌随着岁月慢慢变老；翟微追求精神上的幸福，希望找到一个与自己心有灵犀、风度翩翩的才子；庄慧倒别无所求，只希望找到一个有感觉、善良而对自己又好的男人。

后来，庄慧结识了肖亮，肖亮无论是才情、长相，还是家资都很一般，属于那种大众型的男人，但他的心很细，对感情认真，对庄慧呵护备至，他们就这样平淡而又幸福地恋爱着，直至走入婚姻的殿堂。谢云一直在众里寻他千百度，无奈那人总是不出现在灯火阑珊处，她只能在清冷的岁月中品味着“曲高和寡”的孤独。

翟微倒是如愿以偿，找到了一位才华横溢的才子，无奈二人身上都充斥着文人的清高和孤傲，不谙方圆之道，两个人的日子过得并不如想象中那么好，又时常因为些许小事而争吵，无奈最后只得离婚。离婚后的翟微开始化悲愤为“食量”，生生将自己吃得如“瘦身男女”中的郑秀文一般。

如今再看这三人，还是庄慧过得最好。工作虽平凡，但还算顺利，虽无家财万贯，倒也和睦幸福。到现在竟美丽晚成，其甜蜜幸福的脸庞在经过岁月的洗礼之后，反倒更胜“形神憔悴”“过度丰满”的谢、翟二人几分。

谢、翟、庄三人的故事，应该让我们对爱情有一个新的认知。其实，爱情并不一定要惊天地、泣鬼神，轰轰烈烈、地动山摇；也未必要花前月下、如漆似胶，激情澎湃、缠缠绵绵。真正的幸福是什么？它就是平凡的爱情中散发出的那一缕芬芳！只是，我们之中有太多人给爱情的定义太过美好。

如谢云，她追求浪漫、完美的爱情，以为这样的爱人才能给自己幸福。其实不然，这世间没有绝对完美一说，人也是一样，完美的恋人犹如镜花水月，只能出现在梦中。退一步说，纵然你找到了心目中的完美对象，但一旦进入了婚姻生活，浪漫的泡沫就会被瞬间击破，因为现实的生活根本不允许我们有太多的浪漫。对此，你会失望透顶，甚至认为是对方的伪装欺骗了你，你同样不会感受到幸福。

如翟微，她将精神共鸣与志趣相投作为唯一的择偶条件，或许她找到的爱人称得上优秀，但两个同样对爱情要求甚高的人又怎能完美融合？当“琴棋书画诗酒花”变成“柴米油盐酱醋茶”，两个人会同样对生活感到失望，两个同样清高孤傲的人又如何经营现实而又烦琐的生活?

庄慧所求不多，但恰恰是这种易于满足的性情令她得到了别人想得却得不到的幸福。

其实爱情并不像文人墨客渲染的那般绝美，爱情与幸福需要平凡与简单来沉淀，过分挑剔往往会丢失本该属于你的幸福。诚然，爱情需要一份感觉，爱情中的理想化色彩十分宝贵，但若是理想近乎苛求，标准变成了模式，我们的爱情便已脱离了实际，幸福根本无从谈起。

捕风捉影的爱情，不是爱情

爱是自私的，但自私也要有个限度，过多的猜忌与干涉无疑是愚蠢的。有道是物极必反，干涉太多，对方容易逆反，猜忌太多，对方必然感到厌烦。爱得太狭隘，幸福之火亦会随之熄灭。

夫妻之间的猜疑最要不得，它是感情破裂的一大隐患，是毁掉幸福的刽子手。古人云“人之相知，贵在知心”，又说“不相疑才能长相知”，其实在国外也有句俗语“疑来爱则去”，都是在说明婚姻生活中夫妻之间信任的重要性。

婚姻的幸福，爱情的美满，需要以彼此的信任为基础，无中生有的猜忌，武断、主观的结论，只会使夫妻双方产生间隙，倘若任其发展下去，那么“猜忌”就会变成“真相”，最终导致幸福的崩盘。

只是我们之中有太多人，或是对自己没有足够的自信，或是对爱人缺乏起码的信任，于是总喜欢捕风捉影，听风就是雨，常常无端给自己设立一个假想敌。譬如，爱人近日常单独外出，就怀疑是去与情人约会；爱人多接几个电话，就怀疑在与情人通话；爱人平时多加点班，就怀疑其与同事或领导有染；爱人可能劳累或是情绪不佳，拒绝与自己亲热，就怀疑人家在外有人……诸如此类，数不胜数，搞得自己不胜紧张。

是的，爱情与婚姻需要真诚与忠贞，人人都希望爱人对自己坚贞不移，这是人之常情。或许正因如此，我们对爱人的一言一行表现得分外敏感，就像鲁迅先生所说的那样："见一封信，疑心是情书；闻一声笑，以为是怀春了；只要男人来访，就是情夫；为什么上公园呢？总该是赴密约。"正是这种草木皆兵的猜忌，令人与人之间的信任与理解日渐淡化，乃至到后来的麻木——一开始时或许尚有解释的心情，说得多了也就随他任他了。而后越是猜忌越不解释，越不解释越是猜忌，终至彼此伤害甚至大打出手，令婚姻走向无法挽回的结局。其实人世间的很多爱情悲剧，恰恰就是这样形成的。

莎士比亚的名著《奥赛罗》便有这样一个悲情故事：

国王的女儿苔丝德蒙娜不顾一切冲破家庭与社会舆论的阻挠，嫁给奥赛罗这样一个出身低微、长相一般的将军。婚后的二人世界曾一度非常美满、幸福。只是小人作祟，奥赛罗手下的一名军官尼亚古出于龌龊卑劣的私人目的，四处散播谣言，制造阴谋，挑拨他二人的夫妻关系。终于，奥赛罗经受不住挑拨，对忠贞的妻子产生了猜疑之心，在一个月黑风高的晚上，他狠下心用被子将苔丝德蒙娜活活捂死了。故事的最后，奥赛罗得知事情真相，追悔莫及，痛不欲生，于是自刎以谢妻子在天之灵。

虽然这只是文学作品中的一个故事，带着几分渲染色彩，但类似的事情在我们身边不也是时有发生？多少个家庭因为猜忌而支离破碎？多少人因为猜忌而一时冲动犯下追悔莫及的错误？这应该令我们有所警醒！

两个人相爱，需要彼此尊重，而信任无疑就是我们对爱人最好的尊重。爱是自私的，但不应该自私到完全限制的地步。要知道，一个人与你成立家庭，并不意味着他就此失去了人身自由，你不应该用猜忌的牢笼将他封锁起来，这样没有人受得了！

正常的情况下，你应该相信自己的爱人，相信他具有明确的是非观、正常的判断能力，知道什么该做、什么不该做；相信他是一个懂感情、懂尊重、懂自尊的人。你应该将爱人当作一个独立的人去看待，他们也有自己的自由，也需要婚姻之外的正常生活，他们做出某些举动或许真的有正当的理由，你不要想得那样龌龊。

爱人之间的信任，需要共同来培植，婚姻之中的幸福，需要彼此来维持。你猜的未必都对，他做的也未必就错，当心有疑云时，多听听对方的解释，有效的沟通能够很好地促进家庭的和谐。

如果你真的希望自己的婚姻能够和谐美满，那么就不要有事没事地胡思乱想，你心里添堵，对方也不舒服。夫妻之间贵在一个“诚”字，幸福源于一个“信”字，若彼此都能以诚相待，忠贞不移，互相信任，尽释疑虑，那么，再大的风浪也无法撼动你们的爱巢。

诱惑再多，家才是唯一的港湾

婚姻接纳不了背叛，即便侥幸获得原谅，那伤痕也不会消弭，甚至如影随形地煎熬彼此终生。诱惑下的屈服，丢失的不仅是尊严、道义与责任，还有那来之不易的幸福……

不少人婚前信誓旦旦，爱你一生不变；婚后十足混蛋，感情一变再变。对于这种人，我们除了鄙视和谴责，的确无可奈何——缺了道德，不受刑责！

当然，我们不得不承认世间的男男女女，谁的心不曾为他人悸动过呢？当一个气质典雅、风韵十足的女人或是英俊潇洒、谈吐不凡的男士出现在我们面前，只要你的审美取向正常，难免会在心中荡起一丝异样。只是每个人多少都应该有点儿自控能力，面对诱惑和家庭做出一个正确的选择。

有句名言是这样说的："若在不对的时间里遇到对的人，就当作没有相遇。"正是由于这个原因，世间才成就了"还君明珠双泪垂"的忠贞与凄美，听到了"恨不相逢未嫁时"的千古叹息。遗憾归遗憾，你说这位女子值不值得敬佩？围城中的男女本应这样，婚姻是种责任，一纸证书约束了两人，从此便没有了绝对的自由，这是"残酷"且不争的事实。当生命中出现了"婚外悸动"，你可以把它当作偶尔投影在心波的云彩，越过那一瞬间的美丽，珍惜你当下的生活。

感情这东西其实很脆弱，禁不起外力的敲敲打打，你偶尔的一时冲动、一次放纵，便有可能造成无法弥补的裂痕，这个时候再想回头，真的很难。

好莱坞大片《桃色交易》，讲的就是男女之间的婚外故事。

像所有言情片一样，故事的男主人公英俊潇洒，一表人才，女主人公自然如花似玉，婀娜多姿。两个人本来恩爱有加，简直羡煞旁人。

可是，突如其来的“经济大萧条”打破了原本宁静而又幸福的生活。二人双双失业，生活顿时变得拮据起来，不久之后，他们按揭购买的房子也要因供不起房贷而被收回。

就在这时，一位“高富帅”闯进了他们的生活。这是位钱多烧手的主，他被女主人公迷得欲火难息，提出愿用100万美元买她一个晚上。当时，夫妻二人毫不犹豫地拒绝了，但随后女主人公陷入了挣扎之中：就一夜而已，就可以留住房子……就一夜而已，何况婚前也曾和别人约会……就一夜而已，何况他也是风度翩翩……最后，女主人公并没有抵制住诱惑，只身上了“高富帅”的游艇。

当然，这件事没有瞒过男主人公，他理解她的初衷，他原谅了她，但是这一夜以后，他们再也找不回原本甜蜜的感觉，他们分手了。

究竟是女主人公为家庭做出了牺牲，还是没有经受住诱惑？答案已经无从探究。但由此我们可以看出，感情这东西非常自私，它只能是“为我所有”，一经别人插手，就会变味。原本的温柔变成做作，原本的甜蜜变成苦涩，再也找不回昔日的感觉，是真真的“一失足便成千古恨”。

如果你没确定要重新选择，不确信现在的爱人不值得终生厮守，未下决心不顾一切去寻找你所谓的幸福，那么就不要做出糊涂事，因为这一步迈出，便会彻底打破你原有的幸福。

有道是，前生的500次回眸，才换来今生的一次相遇。又说：十世修得同船渡，百世修得共枕眠。可想而知，两个人能够携手与共，步入殿堂，是何其不易！倘若本就无甚感情、被错点鸳鸯谱倒尚情有可原，倘若着实过得不幸福也就罢了，但只为了满足一点点好奇、一点点欲望，为了寻找一点点激情、一点点刺激，便生生葬送了原有的幸福，该让别人如何说你是好？

其实人这一生，客观的诱惑总是存在的。或许我们依然深爱着对方，却不由自主地被新异性吸引了目光。这种吸引是否正常？是的，这不过是正常人的反应，亦如我们对某位明星的迷恋，是一种对美好事物的幻想。但是，你不能将幻想当理想，不顾一切地追求起来。婚姻是一种事实，结了婚就意味着你必须承担起相应的义务和责任，倘若你丢弃了道德、放弃了责任，那么你的结果一定非常惨淡。

家乡有一位老人，前不久离世而去，虽然后人枝繁叶茂，却不曾有一人前来料理后事。据家里的长辈说，老人年轻时自命风流、爱惹桃花，有一段时间曾抛下孤儿寡母，带着家产与情人远走高飞。几年以后，家产败光，情人也离他而去。这时，发妻已将破烂不堪的家打理得井井有条。他厚着脸皮回来磕头认错，妻子动了恻隐之心。谁知没过多久，他再度卷款而去……

妻子离世以后，老人一直在外地火车站乞讨为生，后来遇到乡里人才被送回家乡养老院。他的儿女都在外地，日子过得都很红火，每年清明节开着大车小车回来祭拜母亲，却没有一人肯踏进养老院半步……

上苍赐予每个人的福禄都是大致相同的，只不过有一些人被欲望蒙蔽了心灵，一味地索取和挥霍，而那些被提前挥霍掉的幸福，就再也不会回来。老天赐你这段缘就是你的福气，除非迫不得已，否则千万不要轻易将它毁去，很多东西，失去了，你才懂得珍惜……

家是避风的港湾，是自己心灵的归属，所以每个人都应该打心眼儿里在意它疼惜它，而不是等到外面的诱惑把自己消耗殆尽的时候，才想到它的好处。外面的世界看似精彩，却远远没有家中人来得真诚，我们不要觉得不管什么时候家中的那一位都可以长长久久地在那里等候。不要觉得别人为自己所做的一切都是理所当然的事情。当有一天，你所做的一切让对方心灰意冷，家中的人在眼泪流干后离你而去，所有的关爱和温暖都将不复存在，到那个时候即便你的内心有再多的悔意也是无济于事的。天下没有后悔药可以吃，与其犯了错回头，不如以前车为鉴别走那条弯路。生命是短暂的，别把大部分时间拿来挥霍，更不能将最后的日子用来后悔。生活本身早已告诉了我们这样一条真理，即便外面的诱惑再美丽，也抵不住家中一碗热汤来得踏实，来得温馨。